Glücksmomente

Vier Pfoten und zwei Beine

auf der Suche nach dem Glück

von Jörg Tschentscher

und Clarissa v. Reinhardt

animal Learn® VERLAG

ISBN 978-3-936188-59-2
Lektorat: Susanne Artmann
Satz & Layout: Annette Gevatter, Riegel a.K.
Fotos: Bine Bellmann, Annette Gevatter,
iStockphoto, Fotolia, photocase
Druck: FINIDR, s.r.o., Český Těšín, Tschechische Republik

animal learn Verlag, Am Anger 36, 83233 Bernau
email: animal.learn@t-online.de, www.animal-learn.de

There is no way to happiness,
happiness is the way.

Siddhartha Gautama Buddha

Inhalt

Vorwort von Marc Bekoff

Marc, sein Begleiter Jethro (links) und sein Freund Zeke. (Foto: Cliff Grassmick)

Wer sich wie ich schon viele Jahrzehnte darum bemüht, in der universitären Forschung nicht nur nach quantifizierbaren und abstrakten Modellen zu suchen, sondern ganz im Gegenteil der Biologie auch ganz substantielle Begriffe wie „Tugend" oder „Leidenschaft" als Instrumente zur Erforschung von tierischem und menschlichem Verhalten an die Hand geben möchte, freut sich ganz besonders, das jetzt vorliegende Buch von Jörg Tschentscher und Clarissa v. Reinhardt über „Glücksmomente" zu lesen.

Noch vor 10 bis 15 Jahren tat man sich als Biologe schwer, handfeste Beweise für das tatsächliche Vorhandensein eines Bewusstseins bei Tieren zu finden. Es waren zunächst das Verständnis der Hormonkreisläufe im Körper und ihre Bedeutung für die Emotionalität, dann die bildgebenden Verfahren wie CT und MRT, die zuerst in der Humanforschung und dann auch bei Tieren den Nachweis eines intentionalen, zielgerichteten Handelns im Zusammenspiel spezifischer Hirnregionen vor, während und nach verschiedenen Handlungen, verstanden als Interaktionen mit der Umwelt, erbrachten. Bis heute ist das auch nur bei so genannten höher entwickelten Säugetieren gelungen, und vieles Tierische bleibt uns noch fremd. Meiner Ansicht nach liegt das aber vor allem darin begründet, dass unsere Parameter noch zu sehr von der menschlichen Erfahrung ausgehen. Vielleicht äußert sich zum Beispiel das Bewusstsein eines Wales in Form von Bildern, die nur mittels Lautgebung evoziert werden – ein Prozess, für den wir (noch) gar keine Worte haben. Viele Tiere haben ein sensorisches Wahrnehmungsvermögen, das wir weder einschätzen noch wirklich verstehen können. Denken Sie zum Beispiel an das Riechvermögen von Hunden oder die Bedeutung des Ultraschalls für Fledermäuse und Infraschalls für Elefanten und Wale.

Für uns Menschen ist Glück ein ganz zentraler Begriff. Er drückt mehr aus als Zufriedenheit, mehr als nur die vollständige Befriedigung eines Bedürfnisses oder Wunsches. Glück, so der deutsche Ethiker N. Hartmann, „kommt immer als Geschenk und lässt sich dem Leben nicht abringen oder abtrotzen". Das wahre Glück ist mehr als nur die gute Fügung, die von außen kommt. Es bedarf eines Glücksvermögens; wir müssen fähig sein, es, was immer es sein mag, als Glück zu empfinden. Dadurch dass wir die Unmittelbarkeit des Glücksgefühls ganz individuell erfahren, erkennen wir, dass der Auslöser für jeden Menschen etwas anderes sein kann, und so müssen wir auch bei Tieren davon ausgehen, dass nicht jedes Tier die gleichen Dinge als Glück empfindet. Wenn wir Menschen uns also auf den Weg machen, über das Glücksempfinden eines Hundes nachzudenken, ist uns der Zweifel, ob das, was wir für sein Glück halten, von ihm auch wirklich so empfunden wird, ein guter Reisebegleiter.

Wenn wir daran glauben, dass Hunde – und Tiere im Allgemeinen – Gefühle haben, bedeutet das auch, dass wir ihnen gegenüber gleiche Verpflichtungen haben wie allen anderen fühlenden Wesen auf dieser Erde und ihnen das Recht zugestehen sollten, auf ihre Art und Weise Glück zu empfinden, selbst wenn diese uns bei manchen Tierarten fremd und nicht so vertraut wie bei Hunden

erscheinen mag, mit denen wir uns enger verbunden fühlen. Dies gilt für alle Tiere, nicht nur für sogenannte Haustiere, mit denen wir zusammen leben.

Vielleicht sollten wir uns von der Vorstellung verabschieden, dass es möglich und wichtig ist, Tiere ganz zu verstehen. Vielleicht genügt es schon, ihre Persönlichkeit und ihr Empfindungsvermögen zu respektieren und ihre Emotionalität als geistesverwandt zu begreifen. Und wenn wir ganz viel Glück haben, dann erwächst aus dem persönlichen Vertrauen und miteinander Erleben ein Gleichklang, in dem beide, Mensch und Hund, glücklich sind, jeder für sich, gerade weil der andere glücklich ist – und auch gemeinsam.

Heute stellt sich aus wissenschaftlicher Sicht nicht mehr die Frage, ob Hunde glücklich sein können, sondern wie wir „Nicht-Hunde" den Ausdruck von Glück bei ihnen erkennen, verstehen und nachempfinden können. Für alle, die von dem Bewusstsein und dem Empfindungsvermögen von Hunden überzeugt sind und denen das Glück bzw. ein erfülltes Leben ihres vierbeinigen Freundes wirklich am Herzen liegt, bietet dieses Buch einen reichen Schatz an Fakten, Gedanken und Hinweisen, die zum Nachdenken anregen. Und nach der Lektüre wird man die Suche nach dem Glück – dem eigenen und dem des Hundes – vielleicht mit anderen Augen und aus einem anderen Blickwinkel sehen.

Marc Bekoff
Boulder, Colorado im Februar 2012

Einleitung

„Ich denke, dass der Sinn des Lebens darin besteht, glücklich zu sein." Dieses Zitat stammt von seiner Heiligkeit, dem 14. Dalai Lama und wahrscheinlich dachte er an Menschen, als er es aussprach. Gemeint war von ihm dabei nicht das egozentrische Streben nach persönlichem Hochgefühl, notfalls auf Kosten anderer, sondern das tief empfundene Glück, das sich einstellt, wenn wir zu innerem Frieden finden und eins werden mit allem Leben um uns herum. Wenn sich unsere Wertvorstellungen im Einklang mit unserem gelebten Alltag befinden, wir Geborgenheit innerhalb einer Gruppe oder bei einem geliebten Menschen finden oder Anerkennung erfahren.

Aber was ist mit den Tieren? Haben nicht auch sie ein Recht darauf, glücklich zu sein? Streben sie danach und wie sieht Glück für sie aus? Und was können wir tun, um sie glücklich zu machen? Während sich das manch ambitionierter Hundehalter fragt, gibt es bis heute Wissenschaftler, religiöse Führer und Philosophen, die Tieren die Fähigkeit, glücklich zu sein entweder gänzlich absprechen oder auf die Erfüllung von Fress- und Laufbedürfnis, das Spiel mit Artgenossen und die freundliche Fürsorge durch ihr Herrchen oder Frauchen beschränken. All diese Dinge sind sicher ein guter Beitrag, aber lässt sich das Glück von Tieren wirklich auf so wenig reduzieren? Hat nicht auch ein Hund das Bedürfnis nach Erfüllung und persönlicher Freiheit, nach Zufriedenheit im Hier und Jetzt, was zumindest beim Menschen als Mindestvoraussetzung gilt, um Glück empfinden zu können?

Der Brockhaus definiert Glück als „...komplexe Erfahrung der Freude angesichts der Erfüllung von Hoffnungen, Wünschen, Erwartungen, des Eintretens positiver Ereignisse, Einssein des

„Ich denke, dass der Sinn des Lebens darin besteht, glücklich zu sein."
Seine Heiligkeit, der 14. Dalai Lama

Menschen mit sich und dem von ihm Erlebten“. Würde man nun zehn Menschen fragen, was Glück für sie bedeutet, bekäme man mit Sicherheit zehn verschiedene Antworten, denn jeder definiert Glück anders und glücklich zu sein ist eine individuelle Erfahrung, die von vielen Faktoren abhängig ist. Nicht weniger vielschichtig wären die Antworten, würde man zehn Hundehalter fragen, wie sie Glück für ihren Hund definieren, woran sie erkennen, ob er glücklich ist und vor allem, was ihn glücklich macht. Und da die Antworten dieser Menschen mit Sicherheit stark beeinflusst wären von ihren eigenen Vorstellungen und Empfindungen zum Thema, wäre es vielleicht am interessantesten, schließlich auch noch die Hunde selbst zu befragen. Sicher, werden Sie denken, das wäre schon spannend, aber das geht eben nicht. Glauben Sie wirklich?! Vielleicht geht es doch?! Immerhin ist Glück messbar und nachvollziehbar und die Spiegelneuronen erlauben uns, es nachzuempfinden. Das Glück ist manchmal so einfach zu erkennen, manchmal aber auch sehr schwer zu finden. Und wenn es mal weg ist – wo ist es dann hin? Schauen wir mal...

Was macht unsere Hunde glücklich? Die Antwort ist so vielschichtig wie ihre Persönlichkeit.

Schließlich stellt sich noch die Frage: Ist der Hund dazu da, den Menschen glücklich zu machen? Kann er das überhaupt? Ist das womöglich seine Aufgabe, sozusagen seine Existenzberechtigung in einer von uns Menschen bestimmten Welt, in der er als Jagdhelfer, Hof-, Wach- und Hütehund in der Regel nicht mehr gebraucht wird? Im Training werden wir häufig mit dem (vermeintlichen) Unglück von Menschen konfrontiert, deren Wunsch nach Zweisamkeit, Treue, Zuverlässigkeit nicht von ihrem Hund erfüllt wird – oder zumindest nicht so, wie sie sich das vorstellen. Ein anderer Mensch wäre mit genau diesem Hund sehr glücklich. Woran liegt das?

All diese Aspekte werden im Folgenden betrachtet. Dabei soll auf situative Bewertungen verzichtet werden, wodurch es leichter wird, sich und sein Verhalten selbst zu erkennen und eigene Schlüsse aus dieser Erkenntnis zu ziehen. Das Ergebnis ist wie das Glück selbst: vielschichtig.

Deutschland ist das Land der Ratsuchenden und Ratgeber. Man hat eine Aufgabenstellung oder Frage und möchte darauf eine klar definierte und schnell umsetzbare Antwort. Und irgendjemand gibt vor, sie zu haben. Je überzeugender und medienwirksamer dieser „irgendjemand" ist, desto schneller und unreflektierter ist die medial beeinflusste Masse gewillt, dessen Überzeugung zu der eigenen zu machen. Aber hier geht es um Sie und Ihren Hund und deshalb kann nicht pauschalisiert werden. Hier geht es um Hintergrundwissen, denn nur wenn Grundlagen und Zusammenhänge bekannt sind, kann ein individueller Weg definiert und beschritten werden. Um den eigenen Standort zu bestimmen, finden Sie in diesem Buch neben Erklärungen und Gedankenspielen auch einige Übungen und Aufgaben, die es Ihnen ermöglichen, Ihre persönliche Einstellung zu Ihrem Hund zu erkennen, vielleicht zu hinterfragen und neu zu bewerten – in jedem Fall aber zu benennen.

Begeben wir uns also auf die Suche nach dem Glück.

Die Biologie des Glücks

Bevor wir uns der Frage widmen, woran man Glück erkennt, schauen wir uns zunächst genauer an, wie es entsteht. Die Quelle des Glücks sitzt im Gehirn, das in etwa aussieht wie eine halbe Walnuss. Ein Teil des Gehirns, die in 13 Einzelbereiche unterteilte Amygdala, ist mit dafür verantwortlich, dass wir Glück empfinden können. Sie ist bei Mensch und Hund gleichermaßen angelegt und befindet sich auf der Innenseite der Schläfenlappen. Sie ist unter anderem an der Wahrnehmung von Gefühlen beteiligt und enthält einen Bereich (Locus caeruleus), der auch für die Produktion des für das Glücksempfinden zuständigen Neurotransmitters Dopamin verantwortlich ist. Zusätzlich braucht es zum Glücksempfinden noch Serotonin, produziert vom zentralen Nervensystem (ZNS), der Leber, der Milz und den enterochromaffinen Zellen der Darmschleimhaut und das Peptidhormon Oxytozin (ein Hormon, das eine Eiweißstruktur enthält), das im Hypothalamus gebildet wird. Zusätzlich spielen noch das Sehzentrum, das Hörzentrum, das Geruchszentrum inkl. dem Vomeronasalorgan, der sensorische Cortex, der Berührungen bewertet und das so genannte „motorische Feld“, das Muskeln aktiviert und willkürliche Bewegungen steuert, eine Rolle. Sie alle arbeiten einander zu, indem sie die zur Hormonausschüttung notwendigen Reize liefern. Damit wären alle körperlichen Voraussetzungen, Glück empfinden zu können, gegeben – jetzt braucht es aber noch eine passende, als positiv erlebte und/ oder dementsprechend gedanklich abgespeicherte Situation.

Wenn Sie zum Beispiel beim abendlichen Spaziergang mit Ihrem Hund des öfteren einen sehr netten Nachbarn mit seinem Hund treffen, mit dem Sie schon ein paar Mal interessante Gespräche geführt haben, während die Hunde ausgelassen miteinander spielten, stellt sich dieses Gefühl ein – und zwar nicht nur während des Treffens, sondern auch schon davor, denn das Gehirn meldet die Vorfreude darauf bereits bei dem Gedanken daran. Deshalb empfinden wir, bereits wenn wir losgehen, ein Hochgefühl, das verbunden ist mit Herzklopfen, evtl. einem leichten Zittern und einem Ansteigen der Körpertemperatur. Besonders stark ausgeprägt sind diese Symptome beim Gefühl des Verliebtseins, das wir alle kennen. Hinzu kommt ein ganz bestimmtes Lächeln, das in der Verhaltensbiologie „echtes Lächeln“ oder auch „Duchenne-Lächeln“ (nach seinem Entdecker, dem französischen Wissenschaftler Guillaume-Benjamin Duchenne) genannt wird. Es handelt sich dabei um ein Lächeln, das jeder sofort erkennt und versteht und das für ein ehrliches, emotionales Glücksgefühl steht. Es unterscheidet sich von einem aufgesetzten oder aus Verlegenheit gezeigten Lächeln dadurch, dass sich der Augenringmuskel, der übrigens bei Mensch und Hund vorhanden ist, etwas zusammenzieht und dadurch kleine Lachfalten entstehen (Stefan Klein, 2009). Beim Hund sieht das etwas anders aus als beim Menschen, bei ihm entsteht der Eindruck, als seien die Augen stärker abgegrenzt und stünden weiter hervor. Beim gekünstelten bzw. aufgesetzten Lächeln hingegen werden die Mundwinkel einfach nur etwas nach oben gezogen, was dem Gegenüber Fröhlichkeit oder Freundlichkeit vermitteln soll. Sehr schön ist das bei Clowns zu sehen, bei denen der Mund bewusst überbetont und die Mundwinkel nach oben gezo-

Bei manchen Tieren fällt es uns leicht, ihre Emotionen zu erkennen.

Wird ein Hund mit echter Freundlichkeit und Fröhlichkeit gerufen, schließt er sich uns gerne an.

gen werden. Das sieht lustig aus – und trotzdem sieht jeder, wenn ein Clown weint.

Hunde erkennen echte Freundlichkeit und Fröhlichkeit übrigens ganz ausgezeichnet, was sehr schön in der Mensch-Hund-Interaktion zu erkennen ist. Nehmen Sie einfach mal Blickkontakt mit Ihrem Hund auf und lächeln Sie ihn mit einem Gefühl der Zuneigung und Fröhlichkeit an. Die Chance, dass er daraufhin auch ohne lockenden Ruf zu Ihnen kommt und Kontakt mit Ihnen aufnimmt, ist sehr groß. Und jetzt denken Sie an eine prominente Blondine, die ihren Chihuahua auf dem Arm hält, in die Kameras lächelt und den Hund herzt und küsst – während dieser einfach nur vor sich hinstarrt.

Um Glück erkennen bzw. empfinden zu können, bedarf es also nicht nur der organischen Voraussetzung, sondern auch der Wahrnehmung der Ehrlichkeit in der Körpersprache und den ausgedrückten positiven Gefühlen des Gegenübers. Beim eigenen Empfinden muss das Gefühl auch noch positiv verknüpft sein oder – wenn es erstmalig auftritt – positiv empfunden werden. Etwas als angenehm und schön Empfundenes will immer wieder erlebt werden und wird deshalb abgespeichert. Und weil dieses Gefühl so wundervoll ist, streben alle, die es schon einmal erlebt haben, danach, es immer wieder zu erleben. Was wissenschaftlich betrachtet auch völlig normal und gleichzeitig ein weiterer Hinweis auf die Empfindung echten Glückes ist, denn das Zentrum für Wohlbefinden und das für Sucht ist identisch (Nucleus accumbens).

Das ist auch der Grund, weshalb so viele Menschen dieses ganz bestimmte Kribbeln im Bauch anstreben, das sich bei starker Vorfreude und/ oder Verliebtheit einstellt, weshalb Drogenabhängige den Zustand des Rausches suchen, selbst wenn ihnen rational klar ist, dass die Droge an sich ungesund ist und in die Abhängigkeit führt und weshalb Hunde immer und immer wieder jagen wollen. Das dabei empfundene Glücksgefühl war so berauschend (im wahrsten Sinne des Wortes...), löste so starke positive Gefühle in ihnen aus, dass sie es wieder erleben wollen.

Das Verfolgen einer interessanten Spur zählt für die meisten Hunde zu den Highlights eines Spaziergangs.

Das Schöne am Erleben des Glücksgefühls ist, dass es immer wieder nachlässt. Das klingt zunächst unlogisch, denn man möchte ja nicht, dass es verschwindet. Aber erst dadurch wird es immer wieder neu erlebbar. Gleichzeitig wird es so fest im Gehirn verankert, dass es den Wunsch auslöst, wieder erlebt zu werden. Das gibt dem Ganzen seinen besonderen Wert. Stellen Sie sich mal vor, Sie hätten immer dieses Kribbeln im Bauch – es wäre nichts Besonderes mehr. Oder der Drogenabhängige wäre immer im Rausch – wo bliebe dann der Kick? Oder unser Hund würde immer jagen – wo wären dann die Highlights in seinem Leben? Manchmal bekommt etwas erst seinen unschätzbaren Wert, wenn es nicht immer frei verfügbar ist. So ist es auch beim Glück.

Wie stark ein Gefühl empfunden und mit welchem Gefühl eine Situation erfasst wird, wird unter anderem vom limbischen System gesteuert, einem sehr alten Teil des Gehirns, das für die Bewertung und Speicherung von Emotionen zuständig ist. Jede einlaufende Information bekommt eine Art „emotionalen Stempel" und wird mit der Erinnerung an ein vergleichbares Geschehen verknüpft. Hat ein Hund in der Vergangenheit eine bestimmte Situation als angenehm empfunden, wird er eine ähnliche Situation also zunächst einmal positiv bewerten; hat er sie als unangenehm abgespeichert, wird er sie – zumindest anfangs – negativ bewerten. Nehmen wir ein konkretes Beispiel: Ein Hund wird von seinem Halter in eine Hundeschule gebracht. Dort wird mit Drill und Zwang gearbeitet, der Hund wird eingeschüchtert, erlebt Angst und Stress und friert zusätzlich, weil es kalt draußen ist und er trotzdem Kommandos wie „sitz" oder „Platz" befolgen muss. Werden die Kommandos in Zukunft gegeben oder erlebt der Hund ähnliche Situationen wie die in der Hundeschule, werden die damit verbundenen negativen Gefühle abgerufen, was sein Verhalten entsprechend beeinflusst.

Lernt der Hund hingegen über positive Verstärkung, wird freundlich mit ihm gesprochen und darf er zwischen den Lerneinheiten auch spielen, wird er die „Situation Hundeschule" als angenehm verknüpfen und die gelernten Kommandos und zukünftige, ähnliche Situationen positiv bewerten. Je mehr positive Emotionen der Hund im Laufe seines Lebens abspeichert, in je mehr zukünftige Geschehnisse geht er mit positiver Erwartungshaltung – Gleiches gilt natürlich für negative Emotionen, die zu negativer Erwartungshaltung führen. Deshalb ist es so wichtig, so viele positive Situationen und Erlebnisse wie möglich für den Hund zu kreieren. Gleichzeitig ist es nämlich so, dass ein mit positiven Gefühlen aufgeladener Hund negative Gefühle und Erlebnisse schneller emotional bewältigen kann.

Lernt der Hund über positive Verstärkung, macht ihm das Training mehr Spaß.

Aus der Humanmedizin ist bekannt, dass glückliche Menschen länger leben, eine höhere Lebensqualität haben und seltener krank werden. Wenn sie es werden, können sie in der Regel besser mit ihrer Krankheit umgehen und gesunden schneller. Da die physischen Voraussetzungen, positive Emotionen wie zum Beispiel Glück und Freude zu empfinden, bei Mensch und Hund identisch sind, ist davon auszugehen, dass dies beim Hund ebenso ist. Und tatsächlich wird dies auch von vielen Hundehaltern, Tierärzten und Therapeuten bestätigt. Dennoch gibt es nach wie vor Menschen, die Hunden – und Tieren im Allgemeinen – die Fähigkeit absprechen, glücklich zu sein. Dies bringt uns zu einer Frage, die wir im nächsten Kapitel näher betrachten wollen.

Gemeinsame Erlebnisse stärken das Zusammengehörigkeitsgefühl.

Wie empfinden Hunde Glück und wie erkennen wir das?

Nachdem wir festgestellt haben, dass zumindest die physischen Voraussetzungen, Glück empfinden zu können, bei Mensch und Hund identisch sind, stellt sich nun die Frage nach den psychischen Möglichkeiten. Die meisten Menschen, vor allem die, die mit einem Hund (oder mehreren) zusammen leben, werden vollkommen überzeugt bestätigen, dass ein Hund Glück empfinden kann. Fragt man nach, woran sie dies erkennen, kommen Aussagen wie „Das sieht man doch!“. Aber ganz so einfach ist es nicht, sonst käme es nicht zu so vielen Missverständnissen zwischen Mensch und Hund.

Zunächst einmal ist wichtig, dass man ein Basiswissen über das Ausdrucksverhalten von Hunden hat, um es überhaupt richtig interpretieren zu können. Eine eingezogene Rute spricht zum Beispiel nicht immer für Angst, sondern zählt bei einigen Rassen zur entspannten Grundhaltung. Eine hoch oben getragene Rute hingegen steht nicht immer für Selbstbewusstsein und Zufriedenheit, sondern kann angeboren sein wie zum Beispiel beim Akita Inu, Husky oder Mops. Eine geweitete Pupille gilt als Zeichen für Ent-

Eine hoch oben getragene Rute steht nicht immer für Selbstbewusstsein und Zufriedenheit, sondern kann angeboren sein.

Manche Hunde wirken durch ihre Gesichtsmuskulatur so, als würden sie immer lächeln.

spannung – aber selbst diese Beobachtung ist fraglich, wenn der Lichteinfall die Pupille weitet oder verengt, weshalb eine Bewertung der Pupillenreaktion als Maßstab für Entspannung und Wohlgefühl praktisch unmöglich ist. Einige Hunde, wie zum Beispiel der Samojede, wirken durch ihre Gesichtsmuskulatur so, als würden sie immer lächeln. Dieses Phänomen, das auch bei Delphinen auftritt, lässt den Betrachter vermuten, der Hund sei immerzu glücklich – was natürlich nicht der Fall ist. Deshalb ist es wichtig, beim Betrachten eines Hundes immer das gesamte Ausdrucksverhalten im Auge zu behalten. Gesichtsausdruck, Rutenhaltung, Körperspannung, Haarkleid, Bewegungsmodus und viele weitere Aspekte müssen in ihrem Zusammenspiel interpretiert werden, um zu richtigen Ergebnissen zu kommen.

Aber selbst einem geübten Beobachter kann es passieren, dass er falsch liegt; denn es ist schon schwierig, das individuell empfundene Glücksgefühl eines anderen Menschen zu erkennen. Noch komplizierter ist der Versuch, das Glücksempfinden eines Hundes zu definieren, denn wir laufen Gefahr, unsere persönlichen Gedanken und Gefühle allzu schnell auf das Tier zu übertragen. Dann kommt es zu Aussagen wie: „Am glücklichsten ist mein Hund, wenn wir zusammen einkaufen gehen." Oder: „Wenn wir zur Hundemesse fahren, hat mein Hund immer viel Spaß und ist rundum glücklich. Er liebt es, im Ring zu laufen und alle Aufmerksamkeit auf sich zu ziehen." Ob der Hund tatsächlich glücklich und zufrieden ist, wenn er stundenlang durch die Shoppingmeile gezerrt oder in einer Messehalle vor Hunderten von Besuchern zur Schau gestellt wird, nachdem er stundenlang in einer Box auf seinen Auftritt gewartet hat, bleibt dabei mehr als fraglich... Dennoch ist sein Halter überzeugt davon, weil er seine eigenen Emotionen unreflektiert auf ihn überträgt.

Wenn uns aber bewusst ist, dass wir unsere Bedürfnisse und Ansichten nicht 1:1 auf den Hund übertragen können, sehen wir uns der Aufgabe gegenüber, wirklich darüber nachzudenken, was er braucht, um glücklich zu sein. Und diese Frage ist nicht nur mit dem üblichen „ein voller Futternapf, frisches Wasser, was zum Spielen und viel Auslauf" beantwortet. Obgleich all diese Dinge eine wichtige Rolle im Leben unseres Hundes spielen und durchaus für Wohlgefühl sorgen, wenn sie erfüllt werden, sind sie nicht die alleinige Antwort auf unsere Frage. Wenn wir Hunde als Persönlichkeiten ernst nehmen, wenn wir ihnen Gefühle zugestehen, die den unseren in vielen Bereichen ähnlich sind, müssen wir komplexer denken.

Ausreichend Futter, Wasser und Spielzeug machen den Hund nicht unbedingt glücklich.

Beim Menschen gilt die Maslowsche Bedürfnispyramide als wegweisend bei der Frage, wann sich Zufriedenheit und Glück einstellen. Abraham Maslow, ein US-amerikanischer Psychologe, veröffentlichte sie 1943. Er gilt als wichtigster Gründervater der humanistischen Psychologie, die seelische Gesundheit anstrebt und die menschliche Selbstverwirklichung als Weg zum Glück untersucht.

Bedürfnispyramide nach Maslow für Menschen.

Die unteren drei Stufen der Pyramide nannte er Defizitbedürfnisse, sie müssen erfüllt sein, um Zufriedenheit erfahren zu können. Einige Bedürfnisse der vierten und alle der fünften Stufe gelten als sog. unstillbare Bedürfnisse, die nie wirklich befriedigt werden können.

Obgleich einige der genannten Bedürfnisse sicher als spezifisch für den Menschen betrachtet werden müssen, gibt es auch viele Punkte, die auf den Hund übertragen werden können. In Anlehnung an Maslow haben wir eine Bedürfnispyramide für Hunde entwickelt:

Abgewandelte Bedürfnispyramide für Hunde.

Als absolute „Basics“ kann man sicher die **physiologischen Bedürfnisse** wie eine ungehinderte Atmung, ausreichende Schlaf- und Ruhephasen, genügend Nahrung, Wärme, Gesundheit und Bewegung bezeichnen. Aber schon diese Grundbedürfnisse werden vielen Hunden nicht erfüllt. Ungeeignete Halsungen rauben ihnen die Möglichkeit zur freien Atmung und sorgen für gesundheitliche Probleme durch Erhöhung des Augendrucks, Wirbelsäulenverletzungen, Muskulaturschäden, Kopfschmerzen usw. Nicht immer erhalten Hunde ausreichend viele Ruhe- und Schlafphasen, in denen sie sich von den Anstrengungen des Alltags erholen können, und leider kommen auch nicht alle Hunde in den Genuss eines gesunden und schmackhaften Futters. Noch immer gibt es viele, die Hunger leiden, womit nicht nur die aus tierschutzrelevanter Haltung gemeint sind. Viele Hunde sind untergewichtig, weil ihre Halter einem Schlankheitsideal hinterher diäten, das sie selbst entweder erreicht oder eben nicht erreicht haben oder das ihnen von außen suggeriert wurde. Beim anderen Extrem werden Hunde aus falsch verstandener Tierliebe, mangelnder Disziplin und/ oder Unwissenheit so vollgestopft, dass sie verfetten, was ihrer Gesundheit nicht zuträglich ist. Die meisten Hunde (in Deutschland) verfügen über einen „Wohnraum“, allerdings längst nicht alle. Auch heutzutage werden sie noch in Zwingern oder Ställen weggesperrt oder es wird ihnen innerhalb des Hauses der Zutritt zu Räumen verwehrt, die vom Rest der Familie benutzt werden, so dass für sie ein Gefühl der Ausgrenzung entsteht, was insbesondere für solitär gehaltene Hunde schwer zu ertragen ist.

Auch heute noch werden viele Hunde in Zwingern oder Ställen weggesperrt und dürfen das Wohnhaus ihrer Halter nicht betreten.

Und last not least kommen wir bei den Basics noch zu dem Bedürfnis, sich frei bewegen zu können, das nur noch relativ wenige Hunde ausleben dürfen. Viele werden häufig oder ständig an der Leine geführt, dabei gegängelt, mit Leinenrucks traktiert und durch unachtsames Leinenhandling und Ziehen in eine dem Halter beliebige Richtung dirigiert. Dabei wird ihnen kaum die Möglichkeit gegeben, in einem Tempo zu laufen, das ihrem Bedürfnis nach Rennen, Toben, Laufen, aber auch Schnüffeln, Trödeln, Verweilen und Ausruhen gerecht wird.

Ausreichend viel Zeit zum Schnüffeln und Erkunden trägt zum Wohlbefinden des Hundes bei.

Das Bedürfnis nach Sicherheit und einem gesicherten Revier wird dann in Frage gestellt, wenn der Halter den Hund durch mangelndes Fachwissen in Situationen bringt, die der Hund normalerweise umgehen würde, weil er sie als gefährlich einstuft. Als Beispiel sei hier der Hund genannt, der gern beim Anblick eines Artgenossen ausweichen würde, aber durch das Führen an der Leine gezwungen wird, diesem zu begegnen. Bei der daraus resultierenden Rauferei wird er an der Leine festgehalten, so dass ihm die Flucht unmöglich wird – und oftmals auch, sich vernünftig zur Wehr zu setzen. Vielen Menschen ist gar nicht bewusst, was sie ihrem Hund zumuten, weil sie ihren persönlichen Vorlieben, Abneigungen oder Ansichten nachgehen, ohne ausreichend über die Konsequenzen für den Hund nachzudenken.

Hier einige Beispiele: Eine Dame trifft beim Spaziergang mit ihrem Colliemischling eine gute Freundin, die ihre Bordeauxdogge dabei hat. Die Hunde sind seit Jahren verfeindet, weshalb sich die beiden Frauen normalerweise aus dem Weg gehen, wenn sie ihre Hunde dabei haben. An diesem Tag beschließen sie aber, gemeinsam spazieren gehen zu wollen. Der Colliemischling trägt wegen befürchteter (niemals tatsächlich gezeigter!) Aggressionen gegen-

Ein Hund, der einen Maulkorb tragen muss, kann sich im Falle eines Angriffs nicht angemessen zur Wehr setzen.

über Menschen einen Maulkorb. Obwohl die Bordeauxdogge ihn deutlich androht, entschließen sich die Frauen, beide Hunde abzuleinen. Es kommt wie geahnt, der Colliemischling wird heftig attackiert und kann sich aufgrund des Maulkorbs nicht wehren. Die Frauen gehen dazwischen, der Colliemischling trägt aber zwei leicht blutende Wunden davon. Damit nicht genug, beschließen die Frauen, jetzt noch eine Stunde (!) mit den Kontrahenten angeleint spazieren zu gehen, damit sie „die Begegnung nicht mit einem so unschönen Erlebnis beenden und lernen, sich zu vertragen". Erst nach dem Spaziergang werden die Wunden zu Hause versorgt, ein Tierarzt wird erst zwei Tage später aufgesucht, als sich diese entzündet haben. Die Halterin des Colliemischlings räumt ein, vielleicht nicht ganz richtig gehandelt zu haben, ist aber überzeugt davon, dass sie ihren Hund liebt, verantwortlich mit ihm umgeht und er glücklich bei ihr ist. Für alle, die ungläubig den Kopf schütteln: Dies ist eine wahre Geschichte!

In einem anderen Fall wollten zwei Familien, dass ihnen eine Trainerin erklärt, wie sie ihre seit Jahren verfeindeten Hündinnen aneinander gewöhnen, weil sie nächste Woche ein gemeinsames Ferienhaus in Dänemark beziehen wollten.

Und schließlich sei noch der Hund erwähnt, in dessen unmittelbarer Nachbarschaft sein Erzfeind wohnt, der ihn schon mehrfach überfallen hat und vor dem er bei jedem Verlassen des eigenen Grundstücks auf der Hut sein muss.

Diese Fallstudien ließen sich – leider – beliebig fortsetzen. Allerdings geht es bei dem Bedürfnis nach Sicherheit nicht nur um körperliche Unversehrtheit. Das vielleicht schlimmste Gefühl der Unsicherheit ist das der Erwartungsunsicherheit, dem ein Hund täglich viele Male ausgesetzt ist. Er wird allein gelassen und weiß nicht, wie lange. Wir reden auf ihn ein, werden evtl. sogar ungeduldig dabei und er versteht nicht, was wir wollen. Wir sind gereizt und aggressiv und er weiß weder warum, geschweige denn wie er diesen Konflikt lösen kann usw.

Der vertrauensvolle Umgang und liebevolle Körperkontakt fördern das Wohlbefinden von Hund und Mensch.

Kommen wir zu den **sozialen Bedürfnissen**. Der Hund als domestiziertes und sozial hoch entwickeltes Rudeltier braucht den Kontakt zu Artgenossen und zum Menschen. Er hat das Bedürfnis nach einem vertrauensvollen Umgang, nach Nähe und Körperkontakt, sei es beim Spiel, beim Kuscheln oder der gegenseitigen Körperpflege. Er will Bestandteil seiner Familie sein und darüber hinaus Freundschaften pflegen und kaum etwas ist für ihn so schwer zu ertragen wie Streit, Wut, Ärger und Aggression. All diese negativen Emotionen müssen sich gar nicht auf ihn selbst beziehen, sondern belasten ihn auch, wenn sie innerhalb der Familie stattfinden. Trotzdem machen sich nur wenige Menschen Gedanken darüber. Oder es wird zum Beispiel ein weiterer Hund angeschafft, ohne den bereits im Haushalt lebenden zu fragen, was er davon hält. Evtl. wird ihm ein Artgenosse vor die Nase gesetzt, mit dem es ständig Spannungen und Raufereien gibt. Seine Menschen zucken die Schultern und sagen: „Das machen die schon unter sich aus..." Wenn das dann geschieht und die Hunde tatsächlich durch eine handfeste Beißerei ausmachen, wer welche Regeln zu befolgen hat, wird ihnen vorgeworfen, unsozial, verhaltensgestört oder „dominant" zu sein.

Allein gelassen und von seinen Menschen kaum beachtet fristet dieser Hund sein Dasein.

Andere Hunde werden einzeln gehalten, stundenlang allein gelassen, wenig beachtet oder erhalten nur dann Zuwendung, wenn Herrchen oder Frauchen danach ist. Im schlimmsten Fall wird dieses Verhalten auch noch als notwendige Erziehungsmaßnahme bezeichnet, die dem Hund zeigt, wo sein Platz ist – nämlich ganz unten in der Familienhierarchie.

In anderen Fällen zerbrechen Hundefreundschaften, die sich beim jahrelangen gemeinsamen Gassigehen aufgebaut haben, weil Herrchen oder Frauchen beschließen, jetzt nicht mehr mit dem Nachbarn zu laufen, den man nach einer Diskussion mit unterschiedlichen Standpunkten plötzlich blöd findet.

Bei den **Individualbedürfnissen** geht es um höhere Wertschätzung durch Status, Respekt, Anerkennung, Erfolg und mentale und körperliche Stärke – und ganz sicher ist es so, dass ein Hund gern respektvoll und mit Wertschätzung behandelt wird. Er freut sich über Anerkennung und fühlt sich wohl, wenn er sich als mental und körperlich stark erlebt. Aber leider ist es auch hier so, dass viele Hunde die Anerkennung für geleistete Arbeit nicht erhalten, mit geringer Wertschätzung behandelt werden und so auch nicht zu mentaler Stärke gelangen. Im Gegenteil wird ein mental und/ oder körperlich starker Hund als „Kopfhund“ bezeichnet, was nur selten als Kompliment gemeint ist. Eher ist es die Rechtfertigung dafür, ihn durch Einschüchterung und andere entsprechende Erziehungsmethoden „klein zu halten“, damit seine Stärke dem Menschen nicht Angst macht. Dahinter steckt das uralte Rotkäppchen-Syndrom: Was wir nicht beherrschen, frisst uns (im übertragenen Sinne) auf.

Eine starke Hundepersönlichkeit wird als „Kopfhund“ bezeichnet.

Strebt ein Hund nach **Selbstverwirklichung**? Wenn wir Selbstverwirklichung mit dem Erleben von Individualität und der Möglichkeit der Talententfaltung definieren, ganz sicher! Auch ein Hund möchte als Individuum wahrgenommen werden und braucht es, sich hin und wieder als solches von anderen abzugrenzen. Und auch ein Hund genießt es, seine Talente und Fähigkeiten auszuleben und dadurch zu Erfolgserlebnissen zu kommen. Wer das anzweifelt, der beobachte einen Hund bei der Nasenarbeit – er wird schnell eines Besseren belehrt. ☺

Die Frage ist also nicht unbedingt, ob Hunde Glück empfinden können, denn das können sie ganz sicher. Die Frage ist eher, was wir tun können, um ihnen das zu ermöglichen. Hiermit beschäftigt sich das nächste Kapitel.

Was können wir tun, um unseren Hund glücklich zu machen?

Es erfordert Mut, Hunde als Persönlichkeiten ernst zu nehmen und sich mit der Frage auseinander zu setzen, wie man Glück und Zufriedenheit für sie erreichen kann, denn viele Selbstverständlichkeiten des Alltags müssen verändert werden, um zu diesem Ziel zu kommen. Der Hund wird wie kaum ein anderes Wesen durch uns Menschen fremdbestimmt: Er darf spazieren gehen und Freunde treffen, wenn wir es erlauben – oder eben nicht. Dabei hat er auch nicht immer die Gelegenheit, sich nach Herzenslust zu bewegen und artspezifischen Verhaltensweisen nachzugehen, weil zum Beispiel sein Jagdverhalten ihn und andere in Gefahr bringen kann oder sein Halter ihm ausgiebiges Schnüffeln aus Ungeduld nicht erlaubt. Er bekommt das Futter, das wir ihm vorsetzen – und wenn er Glück hat, ausreichend viel davon und eines, das ihm auch schmeckt. Seine Sexualität wird verleugnet oder durch die Zucht fremdbestimmt; selbst koten und urinieren kann er nicht, wann immer er möchte, sondern nur zu den von uns vorgegebenen Zeiten. Wird er solitär gehalten, muss er zusätzlich mit dem „Singledasein" klarkommen, selbst wenn er viel lieber eine Herzensbindung eingehen würde und eventuell viel zu lange und viel zu oft allein gelassen wird.

Bei all dem soll er unsere Bedürfnisse nach Gesellschaft, Treue, Zuverlässigkeit, nach einem Spielkameraden für die Kinder, einem Kuschelpartner für einsame Stunden und einem Wächter für Haus und Hof stillen. Dabei aber selbstverständlich nur den Einbrecher vertreiben und den Nachbarn, der zu Besuch kommt, freundlich

Kein Hund, egal welcher Rasse oder Mischung, wird als „Familienhund" geboren!

begrüßen. Außerdem muss er natürlich perfekt gehorchen, damit man mit ihm nicht unangenehm auffällt. Schon beim Lesen dieser – unvollständigen! – Aufzählung wird klar: Das geht nicht. Kein Hund dieser Welt kann all diese Ansprüche erfüllen, ganz gleich wie gut ausgebildet, dem Menschen zugetan, geduldig und loyal er ist. Ebenso wie kein Hund, egal welcher Rasse oder Mischung, als „Familienhund" geboren wird. Denn die mit dieser Bezeichnung assoziierten Begriffe wie „kinderlieb", „leicht erziehbar" und „anpassungsfähig" können zwar in einem Individuum vereint sein, aber keinesfalls zum Merkmal einer ganzen Rasse gemacht oder bei einem einzelnen Hund erwartet werden. Viele Hunde, die diesen überzogenen Anforderungen nicht gerecht werden können, sind unglücklich, denn sie werden überfordert, unterdrückt und instrumentalisiert bei dem Versuch, sie doch noch so hinzubiegen, wie der Halter es sich erträumt hat.

Ein erster Weg, unseren Hund glücklich zu machen, könnte also darin bestehen, die eigenen Ansprüche an ihn wieder etwas runter zu schrauben. „Klar", denken Sie, „kein Problem." Aber so einfach ist es wieder mal nicht, denn gerade in den letzten Jahren wird Hundehaltern durch die Gesellschaft suggeriert, dass sie eine Art „Superdog" an der Leine führen müssen, um nicht in Konflikt mit der Umwelt zu geraten. Es erfordert also Standfestigkeit, dem eigenen Hund mangelnden Perfektionismus zuzugestehen. ☺

Zelten am Strand ist für naturverbundene Outdoorfans und ihre Hunde ein tolles Erlebnis.

Ein weiterer Schritt könnte darin bestehen, sich mit der eigenen Standortfrage zu beschäftigen. Gemeint ist damit die Auseinandersetzung mit der Frage, wer wir sind und was uns im Zusammenleben mit unserem Hund – oder Tieren im Allgemeinen – wichtig ist, denn das bestimmt im Wesentlichen das Leben unseres vierbeinigen Hausgenossen. Ist doch klar: Eine Veganerin möchte mit ihrem Hund nicht zur Jagd gehen, eine eher gemütliche Couch-Potatoe hat keine Lust zu sportlichen Aktivitäten, ein Freigeist mag sich keiner Vereinsmeierei anschließen und den Hund im Hundesport abführen und ein penibler Ordnungs- und Sauberkeitsfanatiker möchte keinesfalls mit zum Zeltlager für Hund und Halter in Dänemark am Strand. Das ist auch völlig in Ordnung, bringt uns aber in die Verantwortlichkeit, sehr genau zu überlegen, welchen Typ von Hund wir für unser Zusammenleben wählen. Eine gute Passung, welche die Bedürfnisse und artspezifischen Verhaltensweisen von Hund und Halter möglichst deckungsgleich miteinander vereint, ist wichtig; und um diese zu finden, brauchen wir entweder kompetenten Rat vom Profi oder müssen uns selbst ziemlich gut mit Hunden auskennen – und mit uns selbst. ☺ Kleine Lebenslügen wie „Ich werd' dann schon noch sportlicher, auch wenn's die letzten 35 Jahre nicht geklappt hat" oder „Eigentlich bin ich ja gar nicht so ein hibbeliger Typ, das ist ja nur der Job, der mich so stresst" haben hier keinen Platz. Der Job ist der Job und nur durch die Anschaffung eines Hundes wird ein Bewegungsmuffel nicht zur Sportskanone, da sollten wir schon ehrlich bleiben.

Für einen Hund bedeutet es einen Gewinn an Lebensqualität, wenn er selbst entscheiden kann, wann er raus gehen möchte.

Auch bei der Frage, was wir bereit und fähig sind, für unseren Hund zu tun, ist eine realistische Analyse angesagt. Für einen Hund bedeutet es zum Beispiel einen Gewinn an Lebensqualität, wenn er selbst wählen kann, wann er raus in den Garten gehen möchte. Sind Sie also bereit, die Haustür einen Spalt offen zu lassen oder eine Hundeklappe in eine der Terrassentüren einzubauen? Ist es für Sie in Ordnung, alle paar Tage die Häufchen vom Rasen zu räumen, die Ihr Hund dort hinterlassen hat? Oder ist es Ihnen wichtiger, dass der Garten tipptopp aussieht und die Wohnung/ das Haus picobello sauber ist, was nur schwer erreicht werden kann, wenn der Hund mehrfach täglich rein und raus läuft, ganz wie es ihm beliebt? Vielleicht haben Sie aber auch gar keinen Garten und müssten sich dann Gedanken darüber machen, woran Sie erkennen, ob Ihr Hund jetzt Lust hat raus zu gehen – auch wenn es nach Gassiplan noch nicht Zeit für die nächste Runde ist.

Bitte verstehen Sie uns nicht falsch! Keinesfalls wollen wir hier den Eindruck vermitteln, als müsste sich Ihre ganze Welt nur noch um Ihren Hund drehen. Ganz im Gegenteil kann es sogar zu vielerlei Problemen führen, wenn der Hund zum Maß aller Dinge im Leben eines Menschen gemacht wird, weil er damit hoffnungslos überfrachtet wird und dies auf ein emotionales und/ oder soziales Defizit beim Menschen hinweist. Und selbstverständlich können wir in diesem Kapitel auch nicht alle Punkte nennen, wie Sie Ihren

Hund glücklich machen können, denn dann müssten wir für alle Hunde- und Menschentypen und für jegliche Lebensweise aufzählen, was man rein theoretisch alles tun könnte. Selbst mit einem 5000-Seiten-Buch wäre das nicht zu schaffen. Uns geht es eher um die grundsätzlichen Ansätze. Darum, Denkanstöße zu geben und ein Bewusstsein dafür zu schaffen, dass es sich lohnt, darüber nachzudenken.

Da Hunde und Menschen individuell sehr unterschiedlich sein können und dementsprechend ganz andere Bedürfnisse haben, die sich im Laufe des Lebens auch verändern, bleibt Ihnen lebenslänglich die Aufgabe, über Ihr Glück und das Ihres Hundes nachzudenken. Das macht die Sache aber auch spannend, denn Beziehungen verändern sich, ebenso wie wir und unser Hund das tun und demgegenüber achtsam und immer wieder bereit für Veränderungen/ Anpassung zu sein, gibt uns die Chance, zu wachsen.

Wir haben hier unsere ganz persönliche Top 10 Liste von den Punkten erstellt, von denen wir glauben, dass sie unsere Hunde glücklich machen. Schauen Sie mal rein, bestimmt ist auch etwas für Ihren Hund dabei:

Der Kontakt zu Artgenossen ist für das Rudeltier Hund wichtig.

Sozialkontakt:

Selbstverständlich gibt es Hunde, die aufgrund schlechter Haltungsbedingungen und/oder Erfahrungen zu Einzelgängern wurden und mit Abwehrverhalten auf soziale Zuwendung reagieren; aber sie sind erstens die Ausnahme und entsprechen zweitens nicht dem Normalverhalten eines Rudeltieres. Normalerweise braucht ein Hund Kontakt zu Artgenossen und bei entsprechender Sozialisierung auch zum Menschen, um sich wohl zu fühlen. Damit ist aber nicht irgendein Kontakt gemeint! Wichtig ist, dass er sich in Beziehung setzen und verlässliche Bindungen eingehen kann. Die Geborgenheit innerhalb der Gruppe/Familie, die Gewissheit, ein fester und geschätzter Bestandteil der Gemeinschaft zu sein, macht den Hund – ebenso wie den Menschen – glücklich. Deshalb ist es so wichtig, dass er nicht oder zumindest nicht oft von sozialen Aktivitäten und gemeinsamen Aufenthaltsorten ausgeschlossen wird. Als Beispiel sei hier ein Hund genannt, der in der unteren Etage des Hauses bleiben muss, während der Rest der Familie nachts den ersten Stock aufsucht, wo sich die Schlafzimmer befinden. Natürlich kann ein Hund lernen, allein zurückzubleiben und mit der Zeit wird er sich damit auch gefühlsmäßig arrangieren, aber glücklich macht ihn dieser Ausschluss nicht. Im Sinne einer guten Bindung wäre es deutlich sinnvoller, dem Hund die Möglichkeit zu geben, sich auch nachts der sozialen Gemeinschaft anzuschließen, wenn er das möchte. Dies gilt natürlich insbesondere für Hunde, die solitär gehalten werden.

Vor diesem Hintergrund betrachtet wird auch schnell klar, warum die sog. „sozialen Strafen“ wie das langfristige Ignorieren oder das Isolieren von der Gruppe als echte Glückskiller angesehen werden müssen und den Hund schlimmstenfalls in die totale Verzweiflung treiben. Abgesehen davon gehört das generelle Ignorieren und/ oder langfristige Isolieren nicht zu seinem Verhaltensrepertoire und kann insofern auch nicht vom Hund verstanden werden, denn das Ignorieren wird unter Kaniden lediglich situationsspezifisch eingesetzt und eine längerfristige Isolation als Strafmaßnahme kommt überhaupt nicht vor.

Positiver Körperkontakt: Ein als positiv erlebter Körperkontakt wie Streicheln, Kuscheln oder auch eine angenehme Massage löst im Hund Glücksgefühle aus. Wichtig ist dabei natürlich, dass er diesen Körperkontakt zum angebotenen Zeitpunkt auch wünscht, dass er sich während des Kontakts entspannt und die Seele baumeln lässt. Wir nennen das „pädagogisch wertvolles, gemeinsames Rumhängen“. ☺

Im krassen Gegensatz dazu stehen überfallartige Kuschelattacken, denen der Hund zu entkommen versucht, während er vom Menschen daran gehindert wird, oder wildes Klopfen auf den Kopf oder Brustkorb zur Belohnung für erwünschtes Verhalten, bei dem der Hund mehr beschwichtigt, als genießt.

Gemeinsames „Abhängen“ und Kuscheln tut der Seele gut.

Besonders wichtig ist ein angenehmer Körperkontakt zwischen Mensch und Hund für Welpen, die dadurch Vertrauen und Bindung aufbauen. Insbesondere nach der Abgabe und dem damit verbundenen Verlust der Nestwärme bei der Mutter und den Geschwistern ist dieser Kontakt von elementarer Bedeutung für die Wesensentwicklung des jungen Hundes. Aber auch alte und/ oder kranke Hunde genießen die Fürsorge und Zuwendung durch ihre Bezugsperson ganz besonders. Zusätzlich macht es uns Menschen glücklich, wenn wir für die sorgen können, die wir in unser Herz geschlossen haben.

Mehrhundehaltung trägt zum Wohlbefinden unserer Hunde bei, wenn die Passung stimmt.

Mehrhundehaltung: Auch wenn der Mensch sich alle Mühe gibt, ein verlässlicher und guter Sozialpartner für seinen Hund zu sein, eines kann er nicht – ihm den arteigenen Gefährten ersetzen. Viele Verhaltensweisen können Hunde nur untereinander zeigen – oder schlecken Sie Ihrem Hund beim täglichen Ritual der gegenseitigen Körperpflege die Ohren aus??? – und jeder Mensch, der bereits mit zwei oder mehr Hunden zusammen gelebt hat, kann dies bestätigen. Voraussetzung ist natürlich eine gute Passung zwischen den Hunden, was bedeutet, dass diese sich auch wirklich gut verstehen und zusammen leben wollen.

Das Beobachten von harmonisch miteinander umgehenden Hunden, die Art und Weise, wie sie sich zusammenschließen, miteinander kuscheln und spielen, füreinander da sind im Krankheitsfall löst Glücksgefühle in uns aus, womit wir mehr als entschädigt werden für den Mehraufwand an Kosten und Arbeit, die die Mehrhundehaltung mit sich bringt.

Bei aller Harmonie in der Zweisamkeit strebt dennoch jedes Wesen, auch der Hund, in bestimmten Bereichen nach **Individualität** und will als eigenständige Persönlichkeit wahrgenommen werden. Ganz persönliche Zuwendung, gemeinsame Spiele nur mit diesem einen Hund, ein Erkennen und – wo möglich – Erfüllen seiner ganz speziellen Bedürfnisse machen einen Hund glücklich. Während einer am liebsten tobt und spielt, möchte der andere gern kontaktliegen. Während mancher Hund am glücklichsten ist, wenn er Herrchen oder Frauchen begleiten darf, bleibt ein anderer zufrieden und gern zu Hause, wo er seine Ruhe hat. Und manchmal reicht auch schon ein liebevoller Blick mit dem Gedanken „Ich sehe Dich und bin so froh, dass Du bei mir bist.“, um Glück beim Gegenüber auszulösen und auch selbst zu empfinden.

Gesundes und leckeres Futter löst definitiv Glücksgefühle aus – das kann jeder bestätigen, der gerade sein Lieblingsessen auf den Tisch gestellt bekommt, auf das er sich schon den ganzen Tag gefreut hat. Machen wir uns also die Mühe herauszufinden, was unser Hund wirklich gerne mag und bringen wir ruhig mal etwas Abwechslung auf seinen Speiseplan – auch, wenn das mit mehr Mühe verbunden ist, als einfach nur ein paar Pellets aus dem Trockenfuttersack in seine Schüssel zu werfen.

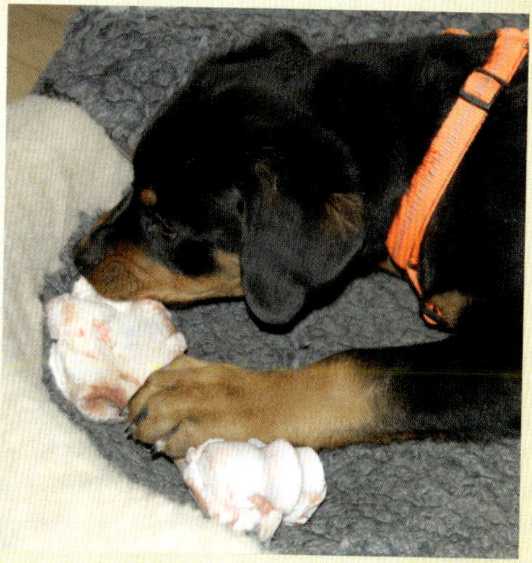

Leckeres Futter löst definitiv Glücksgefühle aus.

Wir werden oft gefragt, woran man erkennt, ob der Hund lieber etwas anderes fressen würde, und wie man herausbekommt, was ihm am besten schmeckt. Hier unsere Stimmungsbarometer beim Füttern unserer Hunde: Zeigt der Hund wirkliche Freude beim Zubereiten seines Futters? Frisst er es mit Appetit? Leuchten seine Augen beim Anblick von Frischfleisch, Flocke, Quark, Reis, Nudeln usw.? Dann ist man offensichtlich auf dem richtigen Weg. Last not least kann man sich selbst die Frage stellen, ob man ein gutes Gefühl bei dem hat, was man dem eigenen Hund zur Fütterungszeit vorsetzt, oder ob man insgeheim genau weiß, dass er lieber was anderes fressen würde, man aber zu bequem ist, ihm das zuzubereiten?!

Das Gefühl, ständig auf lauernde Gefahren achten zu müssen, ist ein absoluter Glückskiller.

Das Bedürfnis nach Sicherheit ist bei allen Lebewesen auf diesem Planeten stark ausgeprägt. Kaum etwas ist schwerer zu ertragen als das Gefühl, ständig auf lauernde Gefahren achten zu müssen oder sich nicht auf den anderen verlassen zu können. Bei der Frage nach Sicherheit muss man zwischen der emotionalen Sicherheit und der Sicherheit in Bezug auf körperliche Unversehrtheit unterscheiden. Zum einen ist es für einen Hund ganz wichtig, sich gut aufgehoben zu fühlen und sich darauf verlassen zu können, dass es sein Mensch gut mit ihm meint, dass er für ihn sorgt und emotional verlässlich ist. Stimmungsschwankungen, Launenhaftigkeit und damit verbundene Wechsel zwischen Zuwendung und Ablehnung sind für ihn nur schwer zu ertragen. Zum anderen sind aber auch die Abwesenheit von Gefahr durch Feinde oder andere Bedrohungen und das Gefühl, beim Menschen Schutz zu finden, sollte etwas Gefährliches auftreten, von elementarer Bedeutung, um sich geborgen und glücklich zu fühlen.

Als absoluten Glückskiller könnte man hingegen die Situation bezeichnen, in der ein Hund lebt, der der Launenhaftigkeit seines Halters ausgeliefert ist, dadurch in ständiger Erwartungsunsicherheit im Hinblick auf seine soziale Beziehung zu ihm steht und durch harte Ausbildungsmethoden und Umgangsformen ständig Angst vor Strafe und Schmerz hat.

Das soziale Klima, in dem der Hund lebt, ist ebenfalls entscheidend für sein Glück oder Unglück. Lebt er in einem harmonischen Umfeld, in dem sich die Menschen und Tiere (nicht nur Hunde!) des Haushalts gut verstehen, in dem Rücksicht aufeinander genommen wird, in dem es wenig Streit und Ärger gibt, fühlt der Hund sich wohl. Die meisten Menschen haben hingegen schon Hunde erlebt, die voller Angst und Erwartungsunsicherheit durch die Räume schleichen, weil in ihrem sozialen Umfeld ständig gestritten, geprügelt, geschrieen wird. Diese Zwistigkeiten müssen übrigens gar nicht den Hund selbst betreffen, um ihn zu belasten! Wer schon einmal während eines Familienstreits bemerkt hat, wie unwohl sich ein Hund fühlt, während sich seine Leute in der Wolle haben, weiß sofort, was gemeint ist.

Ein harmonisches Familienleben tut Mensch und Hund gut.

Große, schwarze Hunde stoßen oft auf Ablehnung in unserer Gesellschaft.

Hier muss unbedingt noch ein Punkt angesprochen werden, der vielen Hundehaltern vielleicht nicht ausreichend bewusst ist: das soziale Klima, das durch die zunehmende Hundefeindlichkeit in unserer Gesellschaft entsteht. Insbesondere, wenn man einen großen, eventuell noch schwarzen Hund hat oder geschweige denn einen sog. Listenhund, begegnen einem Mitmenschen mit Ablehnung, unfreundlichen Bemerkungen bis hin zu offenen Beschimpfungen. All das erlebt der Hund mit – manchmal schon von Welpenalter an. Wie soll er da eine vertrauensvolle und positive Einstellung zum Menschen entwickeln und glücklich an seiner Seite werden?!

In unsere Hundeschulen kommen immer wieder Halter, die schon am Telefon verzweifelt oder auch trotzig fragen, ob wir *alle* Hunde trainieren. Wenn wir dies bejahen und wissen wollen, warum uns diese Frage gestellt wird, handelt es sich oft um Menschen, die Pit Bull Terrier, American Staffordshire Terrier, Dogo Argentinos oder andere in der Gesellschaft nicht gern gesehene Rassen halten und selbst in Hundeschulen, die sie besuchen wollten, auf herbe Ablehnung stießen. Manche Kollegen gehen so weit, das Training von „Kampfhunden", „bissigen Kötern" und „gefährlichen Rassen" pauschal und strikt abzulehnen – sogar ohne den Hund vorher überhaupt kennen gelernt zu haben! Oder von vornherein zu fordern, dass der Hund nur mit Maulkorb am Training teilnehmen dürfe, weil er ja einer gefährlichen Rasse angehöre. (An dieser Stelle sei uns das offene Wort erlaubt, dass wir uns von jeglicher Art des Rassismus, auch dieser, distanzieren.) Man kann sich also vorstellen, wie unglücklich ein Hund – und sein Halter – sind, die mit derart offen gelebter Ablehnung und Misstrauen ihnen gegenüber leben müssen.

Das Ausleben art- und rassespezifischer Verhaltensweisen trägt zum Glücksempfinden unserer Hunde bei.

Das Ausleben art- und rassespezifischer Verhaltensweisen macht einen Hund hingegen ausgesprochen glücklich! Hierzu gehört die Möglichkeit, Erkundungsverhalten zu zeigen, nach Herzenslust zu buddeln, zu baden, sich zu suhlen und zu wälzen, Gegenstände herumzutragen, Beute zu suchen, vor Freude zu bellen, Streifzüge durch's Revier zu unternehmen und all die anderen Dinge zu tun, die einen Hund eben ausmachen. Das Einzige, was wir dazu beitragen müssen, ist, ihm die Zeit dafür zu geben und es auch mal gelassen hinzunehmen, wenn unser Hund saudreckig – aber glücklich – aus dem Schlammloch herauskommt.☺

Eine Hundesitterin hat uns erzählt, dass der Cocker Spaniel Tom, der regelmäßig zu ihr in Pension gebracht wird, vor Begeisterung strahlt, sobald er ihr Gartentor durchschritten hat. Er ist rundherum glücklich bei ihr und gar nicht so erpicht darauf, von Herrchen oder Frauchen wieder abgeholt zu werden. Der Grund dafür ist nicht schwer zu begreifen: Während er zu Hause artig sein soll, nicht bellen darf, weil er sonst die Nachbarn stören könnte, nicht baden darf, weil er sich und somit auch das gepflegte Ambiente des Hauses dann schmutzig macht und nur wenig Kontakt zu Art-

Einfach mal machen zu dürfen, was man will, tut auch einem Hund gut – besonders, wenn sein Mensch genauso begeistert mitmacht.

genossen hat, lebt er bei ihr in einer Hundemeute und darf all das, was ihm zu Hause verwehrt wird. Sie erzählte uns lachend, dass der erste Spaziergang mit ihm immer zum See geht, wo er bellend im Kreis herumschwimmt und gar nicht genug davon bekommen kann. Anschließend tobt er am Strand herum und wälzt sich durch den Sand, bis er aussieht wie ein Erdferkel. Dann rennt er über die Felder und scheucht ein paar Krähen auf und bei all dem schaut er immer wieder mit glänzenden Augen zu ihr herüber und strahlt vor Glückseligkeit. Und das lässt auch sie glücklich sein.

Der oben geschilderte Fall des Cocker Spaniels Tom bringt uns zu einem weiteren wichtigen Indikator für Glück: **Das Recht und die Möglichkeit zur Selbstbestimmung.** Nun ist uns natürlich klar, dass man einem Hund nicht alles erlauben kann, was er gern so tun würde, schon gar nicht in einem dicht besiedelten Industriestaat wie Deutschland. Wir müssen ihm verbieten, seine Streifzüge quer über Bundesstraßen zu unternehmen, Wild zu jagen oder andere rassespezifische Eigenschaften wie zum Beispiel übermäßigen Territorialtrieb auszuleben, weil es sonst ständig Ärger mit der Umwelt gibt oder sogar lebensgefährlich werden kann.

Andererseits werden Hunde auch in vielen Situationen durch uns fremdbestimmt, in denen das gar nicht nötig ist und in denen wir ihnen durchaus viel mehr Freiheit gewähren könnten. Unsere Hunde dürfen zum Beispiel im Haus herumliegen, wo sie wollen, dürfen sich innerhalb von Haus und Garten frei bewegen, dürfen beim Spaziergang auch mal die Richtung bestimmen und selbstbestimmte Handlungen durchführen. Wir bemühen uns, auf sie zu warten, wenn sie länger an einer Stelle schnüffeln oder an einem Ort verweilen wollen, und wir versuchen, für ihre Vorschläge und Ideen bezüglich gemeinsamer Spiele oder anderer Aktivitäten offen zu sein. Uns ist es auch völlig egal, ob der Hund, wenn er schon an der Leine laufen muss, mal links und mal rechts schnüffelt, also vor uns den Weg kreuzt, und wir legen absolut keinen

Herausforderungen eigenständig anzugehen und zu meistern stärkt das Selbstbewusstsein.

Wert darauf, dass er immer vor, hinter oder neben uns läuft – je nach Trainingsphilosophie gibt es ja sehr unterschiedliche Theorien darüber, wo der Hund angeblich zu laufen hat... Wir freuen uns daran, unseren Hunden so viel Freiheit wie eben möglich zu geben – und wissen sehr wohl, dass wir allein dadurch zum sprichwörtlichen „roten Tuch" für so manche Hundehalter oder Kollegen werden, die an Dominanzregeln glauben und davon ausgehen, einen Hund nur beherrschen zu können, wenn man ihn ständig kontrolliert und jegliche Eigenständigkeit nimmt. Wir sind da natürlich ganz anderer Meinung und fragen uns, ob diese Leute eigentlich manchmal darüber nachdenken, wie es ihnen gehen würde, wenn sie ständig bevormundet und gegängelt würden und praktisch nie die Möglichkeit bekämen, auch mal eigene Entscheidungen zu fällen – und sei es auch nur bei der Frage, wie lange man an einem Ort stehen bleiben möchte.

Und so kommen wir thematisch auch gleich zur **Selbstverwirklichung,** die in gewisser Weise eine Schnittmenge mit der Selbstbestimmung und dem Wunsch nach Individualität bildet. Bei der Selbstverwirklichung geht es darum, eigene Talente ausleben zu dürfen und die eigene Identität zu finden und im besten Falle auch zu leben. Sicher ist es keinem Wesen möglich, diese Ziele immer und zu jedem Zeitpunkt zu erreichen, aber ebenso sicher ist es, dass ein jedes Wesen danach strebt. Dabei ist es ganz gleich, ob es das bewusst oder unbewusst tut. Was zählt, ist der Wunsch und das ausgelöste Glücksgefühl, wenn es gelingt.

Beobachten Sie mal einen Hund, dem es erlaubt ist, seine Fähigkeiten auszuleben. Ein Hovawart oder Herdenschutzhund zum Beispiel, der auf das Haus aufpassen darf, dem sogar vermittelt wird, dass man darin einen wichtigen Dienst sieht, den er für die Hausgemeinschaft verrichtet; oder ein Jagdhund, der einer Fährte nachgehen und das Wild aufstöbern darf und dafür auch noch von Herrchen oder Frauchen gelobt wird und Anerkennung erfährt. Diese Hunde strahlen vor Glück! Sie dürfen ihr Talent entfalten, sich selbst verwirklichen und einer wichtigen Aufgabe nachgehen, für die sie Anerkennung und Wertschätzung innerhalb der Lebensgemeinschaft erfahren.

Natürlich wissen wir, dass es nicht immer möglich ist, zur Selbstverwirklichung unserer Hunde beizutragen oder sie zumindest gewähren zu lassen, wenn sie dies selbst versuchen. Aber wir sollten zumindest versuchen, ihnen dieses Gefühl von Freiheit, Wichtigkeit und Glück so oft zu ermöglichen, wie es nur geht.

Nachdem wir nun die für uns wichtigsten Punkte aufgeführt haben, wie wir unseren Hunden zu innerer Zufriedenheit und Glück verhelfen können und hoffentlich Ihre Phantasie angeregt haben, was davon Sie für Ihren Hund übernehmen können, möchten wir auch noch auf die häufigsten Irrtümer hinweisen, denen Menschen unterliegen, wenn sie versuchen, ihre Hunde glücklich zu machen.

Die größten Irrtümer darüber, was Hunde angeblich glücklich macht

Rassespezifische Eigenheiten werden überbewertet und der Hund dadurch völlig überfordert. Der Klassiker wäre der Border Collie, der von Herrchen oder Frauchen stundenlang mit Agility oder Ballspielen beschäftigt wird. Nachdem der Hund fünf Stunden gewartet hat, kommt sein Mensch nach Hause und geht mit ihm raus. Der ausgeruhte Border Collie hat jetzt ordentlich Power und Lust auf Bewegung und Abenteuer, also fängt sein Mensch an, ihm Bällchen zu werfen. Der Hund bringt es, der Mensch wirft es, der Hund bringt es und immer so weiter. Beinahe unmerklich werden die Bewegungen des Hundes kantiger, die Mundwinkel weiter nach hinten gezogen, der Hund hechelt, seine Augen sind leicht glasig und weit geöffnet, ungeduldige Hetzlaute kommen mit ins Spiel, wenn der Ball nicht schnell genug wieder geworfen wird, immer häufiger wird das für Border Collies typische Abducken und Fixieren der Beute gezeigt. Der Hund ist hochgepowert und wie auf Droge, denn tatsächlich kommt es durch die körperliche Anstrengung zu einer Endorphin- und Opiatausschüttung, zusätzlich wird Serotonin, ACTH (Adrenocorticotropin) und Noradrenalin ausgeschüttet – und all das zusammen genommen wirkt wie ein Griff ins körpereigene Kokainkästchen.

Der Mensch sieht die Bewegungspower und denkt, sein Hund sei nun glücklich, aber tatsächlich hat all das mit echtem Spielverhalten oder Glück im Sinne von Zufriedenheit gar nichts mehr zu tun. Hunde spielen untereinander nicht auf diese Art und Weise, der Anteil an Beutespielen ist in ihrem Verhaltensrepertoire nicht ohne Grund sehr gering gehalten. Der Hund durchlebt zwar Hochgefühle

Ein hochgepowerter Hund ist nicht unbedingt glücklich.

Zu viel Bewegung bringt den Hund an die Belastungsgrenze.

durch die körpereigenen Endorphine und Opiate, er wird dabei aber hochgepowert wie ein Marathonläufer beim sog. Runners High (Oliver Stoll), bei dem der Körper an die Belastungsgrenze geht. Deshalb wird ein gut trainierter Läufer auch nicht mehr als drei Marathons pro Jahr laufen, in der restlichen Trainingszeit wird der entspannte Wohlfühllauf angestrebt. Der Hund wird aber täglich, im schlimmsten Fall sogar mehrfach täglich (!) zu dieser Höchstleistung getrieben und dadurch völlig überlastet. Trotzdem wird er das Erreichen des Hochgefühls immer wieder anstreben, weil er zum regelrechten Junkie gemacht wurde, der süchtig danach wird. Durch die ausgeschütteten Stresshormone wird der Hund unruhig, nervös, geräuschempfindlich und leichter reizbar – weshalb der Mensch glaubt, er müsse seinen Hund noch mehr auslasten, und daher wirft er noch mehr Bällchen. Ein unseliger Kreislauf! ☹

Im krassen Gegensatz dazu stehen die Hunde, die kaum bewegt werden, weil ihre Menschen glauben, sie seien mit Sofaliegen und ein Mal täglich um den Block trotten zufrieden. Der Bassett zum Beispiel ist von diesem Irrglauben seines Halters häufig betroffen. Aber auch wenn er sicher nicht der ideale Partner für stundenlange Bergtouren ist, so ist er doch in seinem ursprünglichen Gebrauchszweck ein Jagdhund, der seine Nase ausgezeichnet einzusetzen weiß – und das auch gerne tut.

Chihuahua, Papillon & Co. werden ebenfalls völlig unterschätzt und vorzugsweise von jungen Frauen auf dem Arm herumgetragen, seit Paris Hilton dies zum Trend erhoben hat. Aber auch kleine Hunde verfügen über viele Fähigkeiten, die sie nur allzu gerne ausleben würden. Viele von ihnen sind als Rettungshunde ausgebildet worden, im Hundesport aktiv oder gehen als Besuchsdiensthelfer einer sinnvollen Aufgabe nach.

Wichtig wäre also, die Rasse oder Mischung zwar zu berücksichtigen, aber nicht überzubewerten und nicht zu einseitig zu betrachten. Vor allem sollte man sich davor hüten, nicht mehr wirklich den Hund, sondern nur mehr das Klischee seiner Beschreibung zu sehen, womit wir zum nächsten Punkt kommen:

Die Rasse oder dieser Hundetyp wird einem bestimmten Klischee unterworfen. Der Rottweiler soll robust sein – auch wenn seine Seele eher der von Benjamin Blümchen ähnelt. Der Bernhardiner, Malamut oder sonst mit dicker Unterwolle ausgestattete Hund lebt am liebsten draußen – auch wenn er sehnsuchtsvoll zum Haus schaut, sich draußen einsam fühlt und am liebsten drinnen bei seinen Menschen wäre. Der Windhund will immerzu rennen – auch wenn er schon längst von den vielen Racings, zu denen er von seinen Haltern gebracht wurde, Verschleißerscheinungen an den Gelenken und damit verbundene Schmerzen hat.

Der Rottweiler ist vielen Klischees unterworfen – von denen die meisten nicht stimmen.

Dann wäre da noch der gefährliche Kampfhund, der besonders familientaugliche Retriever, der gemütliche Neufundländer, der eigenwillige und unerziehbare Husky, der immer ziehende Boxer, der für Anfänger geeignete Collie und nicht zu vergessen der immer gesunde Mischling, der viel robuster ist als jeder Rassehund. Auch der dankbare und treue Hund aus dem Tierschutz und edle Weimaraner vom Züchter dürfen in dieser Aufzählung nicht fehlen, die man noch beliebig fortsetzen könnte.

Alle diese Klischees, so unterschiedlich sie auch sein mögen, haben eines gemeinsam: Sie lenken uns ab vom wahren Wesen und den echten Bedürfnissen unseres Hundes. Ebenso wie der nächste Punkt:

Der Mensch interpretiert das Verhalten und die Bedürfnisse seines Hundes falsch, weil er nicht ihn, sondern sich in den Mittelpunkt seines Interesses stellt, wie wir schon weiter vorn im Buch erwähnt haben. Der Halter ist eitel und will Pokale gewinnen – deshalb dichtet er seinem Hund Spaß und Freude auf der Hundeausstellung an. Weil der Halter keine Lust hat, lange spazieren zu gehen, den Hund viel zu lange und zu oft alleine lässt oder beruflich viel mit dem Auto unterwegs ist, will der Hund angeblich gar nicht gerne raus, ist gern allein und froh, wenn er seine Ruhe hat und liiiiebt es, über Tage hinweg stundenlang im Auto mitzufahren. Und weil der Mensch sich einsam fühlt

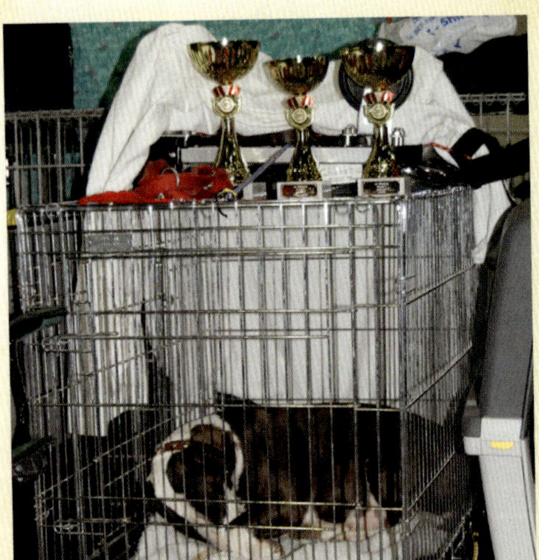

Wäre es nach ihm gegangen, wäre der Tag anders verlaufen...

und seinen Hund immer bei sich haben möchte, um dem Gefühl der inneren Leere zu entgehen, wird diesem unterstellt, dass er am liebsten dabei sein will. Deshalb wird er immer überallhin mitgenommen und kommt kaum zur Ruhe. Eine der für uns einschneidensten Erfahrungen ist hier die Hundemesse oder Hundeausstellung, bei der Hundehalter ihre gestressten, unglücklichen und verängstigten Tiere durch überfüllte und laute Hallen an viel zu kurz gehaltener Leine führen, ständig rucken, ziehen und zerren, dem Hund keine Gelegenheit geben, auch mal stehen zu bleiben, zu verschnaufen oder Kontakt mit einem Artgenossen aufzunehmen, und diesen Wahnsinn dann mit Begeisterung als schönes Erlebnis für Hund und Halter deklarieren.

... und auch die Begeisterung dieses Hundes über den Besuch einer Zuchtausstellung hält sich deutlich in Grenzen.

Bei manchen Menschen ist der Mechanismus, dem Hund Bedürfnisse anzudichten, um eigene zu rechtfertigen, so erschreckend stark ausgeprägt, dass man nur noch von mangelnder Empathie gegenüber dem Tier sprechen kann. Diese Unfähigkeit, echtes Mitgefühl zu empfinden, stürzt den Hund schnell ins Unglück, denn seine Bedürfnisse werden nicht gesehen und damit auch nicht erfüllt. Ein trauriges Hundeleben.

Ein ähnlicher Verdrängungsmechanismus, der den Hund ins Unglück stürzt, läuft ab, wenn ganz offensichtliche Zusammenhänge verleugnet werden, weil der Mensch sie einfach nicht wahrhaben

Ein Spaziergang, bei dem er ständig „bei Fuß“ gehen soll, macht keinem Hund Spaß.

will und/ oder kann. Die von ihm geforderte Konsequenz, wenn er sie eingestehen würde, wäre so weitreichend (manchmal übrigens auch nur vermeintlich weitreichend, weil entsprechende Alternativen nicht bekannt sind), dass er lieber so weiter macht wie bisher, dafür aber eine Rechtfertigung braucht, um sein Gewissen zu beruhigen. Als Beispiel seien hier der Leinenruck genannt, der dem Hund gar nichts ausmacht; das Stachelhalsband, das dem Hund überhaupt nicht weh tut oder der Einsatz des Reizstromgerätes, der gar nicht so schlimm ist, weil der Hund nur ein ganz leichtes Kribbeln und keinesfalls einen Stromschlag spürt, wenn dieser ausgelöst wird. Auch das ständige „bei Fuß“-Gehen macht dem Hund gar nichts aus, sondern gibt ihm sogar Sicherheit und das Liegen in der viel zu kleinen Hundebox findet er super, weil es ihn an die Höhle erinnert, in der es sich seine Vorfahren, die Wölfe, bequem gemacht haben. Man möge uns den sarkastischen Unterton verzeihen, aber manchmal ist nur mit Sarkasmus und Ironie zu ertragen, was einen sonst in die Wut und Verzweiflung über so viel menschliche Dummheit und Ignoranz treiben würde, die der – unglückliche – Hund ausbaden muss.

Glückspillen für den Hund?!

Reagiert der Hund schließlich aus Überforderung, unsachgemäßer Haltung und unverstandenen Hilferufen gereizt, aggressiv, depressiv oder hyperaktiv, soll der Griff ins Medizinkästchen helfen. Eine Art Glückspille soll ihn ganz schnell und vor allem ohne allzu viele Anstrengungen seitens des Halters wieder glücklich und somit leichter zu führen machen.

So wird Tryptophan bzw. 5-HTP (5-Hydroxytryptophan) eingesetzt, um den Serotoninspiegel zu erhöhen, denn Tryptophan wird im Körper zu Serotonin verstoffwechselt und soll entspannend und beruhigend wirken. Der therapeutische Einsatz ist aber aus zwei Gründen sehr umstritten: Erstens gibt es keine Referenzwerte, an denen man sich orientieren kann, und zweitens muss an der Ursache des Verhaltens gearbeitet werden, um unerwünschte Verhaltensweisen zu verändern. Dem Hundehalter wird aber suggeriert, der Griff ins Medizinkästchen allein bringe den gewünschten Erfolg.

Der Einsatz dieser Mittel ist schon im besser erforschten Bereich der Humanmedizin umstritten, umso fragwürdiger ist er in der Veterinärmedizin. Die Medikamentengabe und die Einschätzung des Therapieerfolges erfolgen ausschließlich anhand der Beobachtung des Tieres und seines Verhaltens und der daraus resultierenden Beurteilung, die – da es keine festen Kriterien gibt – mit der Wahrnehmung und Interpretation des Beurteilenden steht und fällt.

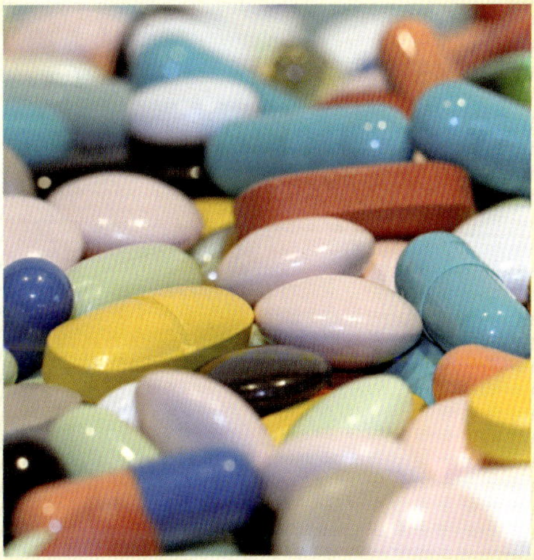

Der Einsatz von Medikamenten ist keine Alternative zu einer gründlichen Verhaltensanalyse.

Erfolgversprechender scheint da eine gründliche Verhaltensanalyse mit anschließender Therapie, in die der Halter mitverantwortlich einbezogen wird. So findet man auch viel schneller Wechselspiele zwischen dem Hund und seinem Herrchen/ Frauchen heraus, die das Verhalten beeinflussen und deshalb mit in Betracht gezogen werden müssen. Abgesehen davon haben wir häufig erlebt, dass sich echte Glücksgefühle beim Halter einstellen, wenn er seinen Hund besser versteht, dessen Verhaltensweisen dadurch erklärbar werden und er aktiv zur Lösung der Probleme beitragen kann.

Das bringt uns zum nächsten Kapitel, das sich mit der Frage beschäftigt, ob und wie Hunde uns glücklich machen und warum das so ist.

Machen uns Hunde glücklich?

Auf diese Frage haben Sie in den vorherigen Kapiteln schon einige Antworten finden können, nämlich immer dann, wenn wir anhand von Beispielen erklärt haben, dass sich auch der Mensch freut und Glück empfindet, wenn er seinen Hund glücklich sieht. Wie kommt das? Die Mitte der 90er Jahre entdeckten Spiegelneuronen liefern uns hierfür die Erklärung.

Man könnte die **Spiegelneuronen** als Resonanzsystem im Gehirn bezeichnen, das Gefühle und Stimmungen anderer beim Empfänger zum Klingen bringt. Das Einmalige an diesen Nervenzellen ist, dass sie bereits Signale aussenden, wenn jemand eine Handlung nur beobachtet; sie reagieren dann also genauso, als ob man das Gesehene selbst erleben bzw. ausführen würde. Wenn wir zum Beispiel beobachten, wie sich ein Hund beim Sturz von einem Hindernis wehtut oder sich besonders freut, weil er eine schöne Erfahrung macht, erleben wir selbst das Unbehagen bzw. Glücksgefühl der beobachteten Situation. Mit anderen Worten: Je öfter wir unseren Hund glücklich sehen, je glücklicher sind wir selbst.

Wenn der Hund glücklich ist, ist es auch der Mensch.

Je öfter wir unseren Hund glücklich sehen, je glücklicher sind wir selbst.

Kurz zusammengefasst lässt sich das Phänomen der Spiegelneuronen folgendermaßen beschreiben: Die Beobachtung einer Handlung bei einem anderen (Mensch oder Tier) führt zu einer neurologischen Simulation dieser Handlung beim Beobachter, das Gehirn spiegelt die beobachtete Handlung. Hierfür muss aber nicht der gesamte Handlungsablauf beobachtet werden, schon einzelne Sequenzen lassen die Spiegelneuronen aktiv werden und bilden somit die Grundlage für intersubjektives Verständnis, Empathie und Kommunikation. Diese speziellen Nervenzellen machen also die inneren Vorgänge des Gegenübers direkt und simultan im eigenen Körper erfahrbar und sind in jedem Individuum neuronal angelegt. Eine wesentliche Voraussetzung für die Aktivierung der Spiegelneuronen sind gemachte Erfahrungen. Nur wenn diese vorhanden sind, können sie sich entwickeln. Zusätzlich spielen diese Vorerfahrungen eine wichtige Rolle in der späteren Erlebniswelt: Ein Lebewesen, das schlechte Erfahrungen mit bestimmten Situationen gemacht hat, spiegelt Auslöser dieser Situationen negativ wider! Verändern sich dann die Lebensumstände dieses Menschen oder Tieres zum Positiven, erlebt er/ es die gleiche Situation in positivem Zusammenhang, verändern sich auf Dauer auch die Spiegelungen. Vor diesem Hintergrund betrachtet wird schnell klar, wie wichtig Glücksmomente, positive Lernerfahrungen und Zufriedenheit im Leben eines jeden Lebewesens sind. ☺

Eine Handlung/ Situation, die zum ersten Mal wahrgenommen wird, hinterlässt übrigens besonders intensive Vorstellungen. Das erklärt auch, weshalb manche Menschen glücklich sind, wenn sie mit Tieren zusammen leben, während anderen das egal ist oder sogar Ablehnung in ihnen auslöst. Der Grund hierfür liegt in den ersten, oft frühkindlichen Erfahrungen, die sie mit Tieren gemacht haben. Verliefen diese positiv, löst der Anblick/ das Zusammenleben mit Tieren auch positive Gefühle aus – verliefen sie negativ, werden negative Gefühle wie Angst, Stress, Ekel usw. abgerufen. Deshalb ist es auch häufig so, dass Menschen, die als Kinder besonders intensive und vertrauensvolle Beziehungen zu Tieren pflegten, ein Leben ohne sie als nicht lebenswert, unglücklich, traurig empfinden. Heinz Rühmann brachte auf den Punkt, was viele von ihnen denken, als er sagte: „Man kann auch ohne Hund leben, aber es lohnt sich nicht."

Einkaufen (für unseren Hund) macht glücklich!

Es gibt aber noch andere Aspekte, die bei der Frage, ob uns Hunde glücklich machen, zum Tragen kommen. Kaufen zum Beispiel aktiviert das Belohnungszentrum und macht deshalb glücklich. Insbesondere wenn wir für jemanden einkaufen, von dem wir positive Reaktionen wie Freude und Dankbarkeit erwarten. Bei manchen Menschen ist das mehr, bei anderen weniger ausgeprägt. Während sich die einen einem wahren Kaufrausch hingeben, sind die anderen zurückhaltender, aber auch Letztere kennen

Beim Einkauf sollte auf sinnvolles Zubehör geachtet werden.

das Hochgefühl der Freude und Befriedigung, wenn man gerade etwas richtig Schönes für sich – oder seinen Hund! – entdeckt und erstanden hat.

Modischer Schnickschnack hat nichts mit sinnvollem und funktionellem Zubehör zu tun.

Das weiß auch die Industrie und hat es geschafft, im Jahr 2009 Hundedecken, Spielzeug, Mäntelchen und anderes Zubehör für 147 Millionen Euro zu verkaufen und damit den Trend der Vorjahre noch weiter zu steigern. Und ein Ende ist noch nicht in Sicht, denn selbst in wirtschaftlich eher schwierigen Zeiten wird für die vierbeinigen Lieblinge eingekauft, was der Markt hergibt und das ist durchaus kritisch gemeint, denn längst nicht alles, was angeboten wird, ist auch wirklich sinnvoll, geschweige denn notwendig. Aber darum geht es auch nicht. Es geht unter anderem darum, dass es in uns ein Glücksgefühl auslöst, die besonders schön verarbeitete Leine, das kuschelige Körbchen oder den niedlich aussehenden Hundemantel für unseren Liebling mitzunehmen. Zum einen, weil wir dadurch unsere Fürsorge unserem Hund gegenüber zum Ausdruck bringen, zum anderen aber auch, weil wir dadurch nach außen dokumentieren, wie viel wir uns für ihn leisten wollen – und können!

Zusätzlich identifizieren wir uns mit unserem Hund und wollen, dass er ähnlich gepflegt und „gut angezogen“ wahrgenommen wird, wie wir selbst. Dieser Trend bescherte einem ganzen Berufsstand einen unglaublichen Boom, nämlich dem der Hundepfleger (früher: Hundefriseure). Noch vor zehn Jahren war es eher peinlich, zuzugeben, dass man mit seinem Hund im Hundesalon war, denn das entsprach dem Image des affig geschorenen Pudels oder gerupften Terriers. Heutzutage gehört es zur Selbstverständlichkeit, dass bezahlte Profis die Fellpflege übernehmen, damit Fiffi, Bello und Co. sich in ihrer Haut auch wirklich wohl fühlen und gepflegt aussehen. Dieser Trend ist übrigens durchaus zu begrüßen, denn für manchen Hund war es wirklich keine Freude, mit filzigem Fell, dicker Unterwolle und viel zu langen Krallen durch's Leben zu laufen, nur weil Herrchen oder Frauchen entweder schlichtweg zu faul oder zu untalentiert für die Fellpflege war.

Wesentlich fragwürdiger erscheint der Trend zu lackierten Nägeln, eingefärbtem Fell, punkigen oder besonders modischen Frisuren und zu allerlei Bekleidungsstücken, die in aufwändigen Kollektionen passend zur Klamotte des Halters gefertigt werden. Nichts gegen Mäntel, die alte und/ oder kurzhaarige Hunde ohne schützende Unterwolle bei Kälte warm halten. Aber die mit Tirolerhut, Lederhose und Dirndl ausgestatteten Hunde, die über das Münchner Oktoberfest geschleift werden oder die im Versace-Stil verkleideten Hunde, die in St. Moritz, Sylt und manch anderem hippem Urlaubsort im wahrsten Sinne des Wortes „Schaulaufen“ müssen, führen in unseren Augen ein Hundeleben im übertragen negativen Sinne des Wortes.

Ohne Worte... ☹

Das Kindchenschema dieses Welpen löst den Wunsch aus, ihn zu beschützen und für ihn zu sorgen.

Schließlich gibt es noch eine Form des Kaufens für unseren Hund, die ebenfalls Erwähnung finden sollte: Der Kauf aus schlechtem Gewissen. Ja, wir wissen, dass wir den Hund viel zu lange allein gelassen haben oder in letzter Zeit viel zu ungeduldig mit ihm waren, weil wir Beziehungsstress hatten. Aber das wollen wir nun wieder gut machen. Deshalb kaufen wir jetzt was Schönes. Und wenn sich der Hund darüber freut, mit dem Spielzeug herumtollt oder im edlen Naturwollkorb liegt, fühlen wir uns besser. Auch hierbei wird das Belohnungszentrum wieder voll bedient und deshalb von der Erfahrung geprägt, die uns wieder kaufen lässt.

Es gibt noch viele weitere Möglichkeiten, im Zusammenhang mit Hunden unser Belohnungszentrum zu aktivieren und uns dadurch glücklich zu machen. Den Universitäten Münster und Pennsylvania gelang zum Beispiel der Nachweis, dass der Anblick eines Kindes eine ansteigende Aktivität des Nucleus accumbens (Belohnungszentrum) nach sich zieht, was seinen Ursprung mit großer Wahrscheinlichkeit im biologisch verankerten Fürsorgeverhalten hat. Interessant ist dabei, dass die Merkmale, auf die wir reagieren, bei Mensch und Tier gleich sind. Sie entsprechen mit einem zum Körperverhältnis recht großen Kopf mit vorgewölbter Stirnregion, großen Kulleraugen, einer kleinen Nase und einem kleinen Kinn bei runden Wangen dem **Kindchenschema**. Ganz gleich, ob wir also ein Kind, einen Welpen, ein Tigerbaby oder einen kleinen Pinguin anschauen, wir können gar nicht anders, als diesen niedlich zu finden. Bei so vertrauten Wesen wie Kindern oder Hundewelpen führt diese Empfindung zu dem Wunsch, mit dem hilflosen kleinen Wesen zusammen zu sein, für es zu sorgen und es zu beschützen. Halten wir einen Hundewelpen im Arm, kommt es zu Glücksgefühlen pur!

Durch die von Erik Zimen beschriebene „sozial bedingte Kindlichkeit" des Hundes, die dadurch entsteht, dass wir lebenslänglich für ihn sorgen und er somit abhängig von uns ist wie ein kleines

Übertriebene Vermenschlichung macht einen Hund nicht wirklich glücklich.

Kind, halten diese Emotionen – und die damit verbundenen Glücksmomente – lebenslänglich an, obgleich sie natürlich nicht an jedem Tag und in jedem Augenblick gleich stark ausgeprägt sind.

Vorsicht ist geboten, wenn der Hund als Kindersatz gedacht ist, denn hier kann es schnell passieren, dass er instrumentalisiert wird, um eigene Bedürfnisse zu befriedigen. Der Hund wird gebadet, gekämmt, geföhnt und angezogen wie ein kleines Menschenkind und auch sonst so behandelt. Er soll mit am Tisch sitzen und wird aus übertriebener Fürsorge gefüttert, ins Bett gebracht und kaum aus den Augen gelassen. Hier werden häufig kleine Hunde mit – auch im ausgewachsenen Zustand – ausgeprägt kindchenhaftem Körperbau bevorzugt. Mops, Chihuahua, Pekinese, Papillon, Cavalier King Charles Spaniel und viele weitere kleinwüchsige Hunde gehören zu den bevorzugten Rassen dieser Hundehalter. Leider bleiben die Bedürfnisse der Hunde oft auf der Strecke, denn sie erhalten wenig Gelegenheit, artspezifische Verhaltensweisen zu zeigen und sich einfach wie erwachsene (!) Hunde zu benehmen, denn das würde im Halter sofort die Angst vor Abnabelung und Unabhängigkeit von ihm auslösen, was wiederum eine Störung seines eigenen Glücksgefühls nach sich ziehen würde.

Häufig wird der Hund deshalb auch sehr früh kastriert, damit er kindlich und verspielt bleibt, was aber schlecht für ihn ist, da es ihn in seiner Persönlichkeitsentwicklung behindert. Stellen Sie sich mal vor, Sie wären Mitte 40, hätten die Pubertät noch nicht durchlebt und würden sich benehmen wie ein 10-jähriger – weil Ihre Eltern das niedlich finden, das Kindchenschema...

Der Hund als Statussymbol

Es gibt verschiedene Möglichkeiten, wie ein Hund unseren Status erhöhen kann, und das ist tatsächlich für viele Menschen ein Grund, glücklich zu sein. Bleiben wir zunächst bei den kleinen, niedlich aussehenden Rassen. Bei manchen gesellschaftlichen Gruppen gehört schon fast zu jeder größeren Handtasche ein Kleinhund, der manchmal keck, manchmal gelangweilt und manchmal auch vor Stress und Angst zitternd aus selbiger guckt, während Frauchen glückselig lächelnd durch die Paparazzi-Menge läuft. Das männliche Pendant trägt ihn auf dem Arm herum, während es auf Partys waaahnsinnig interessante Gespräche führt, Cocktails schlürft und schnell noch im Vorübergehen ein Interview gibt. Der Hund wird wie ein Accessoire versachlicht und damit zum Statussymbol. Kein Mensch interessiert sich für seine Belange und man fragt sich, was mit ihm passiert, wenn Herrchen oder Frauchen nach Hause kommen und ihn nicht mehr zur Dekoration brauchen...?!

Der Hund als Statussymbol, zum Dekorationsgegenstand degradiert.

Besitzerstolz: Millionärin Wang präsentiert „Jangtse Nr. 2" in Xi'an (Quelle: AFP).

Ein Hund kann aber auch für die Dokumentation des **materiellen Status** seines Halters stehen, ähnlich wie ein teures Rennpferd. Immer wieder liest man von Rekordsummen, die für Deutsche Schäferhunde, Tosa Inus, Do Khyis oder andere Rassevertreter bezahlt werden. Die Käufer möchten keinesfalls unerkannt bleiben, sondern werden in der Regel mit Foto und kurzer Vita des beruflichen Erfolgs vorgestellt. Berühmt wurde so zum Beispiel ein chinesischer Kohlemagnat, der die Rekordsumme von 1,1 Millionen Euro für einen achtmonatigen Do Khyi zahlte. Im Jahr 2009 hatte ein anderer Do Khyi mit dem wenig poetisch klingenden Namen „Jangtse Nr. 2" vier Millionen Yuan (435 000 Euro) eingebracht. Die neue Besitzerin hatte ihn in einer Kolonne aus 30 Luxuslimousinen in ihre Heimat in Xi'an gebracht. Objektorientiertes Glück wäre hier wohl ein passender Terminus.

Es kommt übrigens nicht von ungefähr, dass gerade Do Khyis diese hohen Preise erzielen. Mit ihrem Erwerb soll nicht nur ein materieller, sondern auch ein **politischer Status** demonstriert werden. Der Do Khyi, der von jeher die Herden und Zelte der tibetischen Nomaden bewachte, wurde von den Chinesen kurzerhand als ihre Rasse deklariert, und seitdem überbieten sich reiche chinesische Geschäftsleute gegenseitig auf den Zuchtschauen mit astronomischen Preisen. Nach der Vertreibung aus ihrem Land, der Zerstörung der Tempelanlagen und dem Verbot der eigenen

Religion und Sprache, der Durchführung von Zwangskastrationen (beim Menschen!) und vielen weiteren völkerrechtlich nicht haltbaren Maßnahmen sollten die Tibeter ein weiteres Mal gedemütigt und ihres Kulturgutes beraubt werden. Und hier haben wir wieder ein Beispiel dafür, wie unterschiedlich Glück erlebt wird; denn die chinesischen Käufer fühlen sich auch angesichts dieses politischen Hintergrundes glücklich, wenn sie einen „chinesischen" Do Khyi aus Spitzenzucht erworben haben.

Der Hund soll den Menschen als Sozialpartner glücklich machen. Es ist schön, mit einem Hund zusammen zu leben und wichtig, ihn als Persönlichkeit ernst zu nehmen. Schwierig wird es aber, wenn er zu *dem* Sozialpartner eines Menschen wird und als Partnerersatz im zwischenmenschlichen Bereich dienen soll, denn hier kommen gleich mehrere Probleme zusammen: Der Hund wird hoffnungslos überfordert mit Erwartungen und emotionalen Bedürfnissen, die er nicht erfüllen kann, und der Halter tappt in eine soziale Falle, wenn er sich emotional so stark auf seinen Hund fokussiert, dass er sich immer weiter von seinen Mitmenschen entfernt. Typischerweise fallen Sätze wie: „Seit ich die Menschen kenne, liebe ich die Tiere." Oder der viel strapazierte Spruch „Dass mir der Hund viel lieber sei, sagst Du, oh Mensch, sei Sünde. Der Hund blieb mir im Sturme treu, der Mensch nicht mal im Winde." hängt in Holzgravur im Wohnzimmer. Das vermeintlich empfundene Glück, einen Hund

Übertriebene Tierliebe tut dem Hund nicht gut.

zu haben, resultiert hier aus dem Unvermögen, dauerhafte und vertrauensvolle Beziehungen zur eigenen Art zu pflegen.

Das Gespräch über den Hund bringt Menschen einander näher.

Selbstverständlich kann ein Hund einem Menschen das Gefühl von Kameradschaft und Zweisamkeit vermitteln und gerade für einsame Menschen ist dies eine wertvolle Bereicherung – die aber im besten Fall eine Brücke zu anderen Menschen schlägt, weil diese zum Beispiel mit dem Hundehalter ins Gespräch kommen. Dies ist für Mensch und Hund gleichermaßen wünschenswert, denn der Mensch wird der Persönlichkeit seines Hundes nicht gerecht, wenn er ihn nur deshalb liebt, weil kein menschlicher Lebenspartner zur Verfügung steht. Und auf Dauer bleibt es für ihn unbefriedigend, mit jemandem, der ihn inhaltlich nicht versteht und ihm auch nicht antworten kann, über tägliche Belange wie die Wohnungseinrichtung und Tagesplanung zu sprechen oder Gedanken über religiöse oder philosophische Fragen auszutauschen. Am ehesten macht uns ein Hund – und wir ihn! – wohl glücklich, wenn wir die Grenzen unserer sozialen Beziehung akzeptieren und die Möglichkeiten genießen.

Natürlich gibt es noch viele weitere Punkte, wie Hunde zu unserem Glück beitragen. Sie sorgen zum Beispiel durch die Spaziergänge, die wir mit ihnen bei jedem Wetter unternehmen, dafür, dass wir uns mehr bewegen, mehr Sauerstoff einatmen und unsere Immunabwehr gestärkt wird und leisten damit einen wichtigen Beitrag zu unserer Gesundheit und unserem körperlichen Wohlbefinden. Sie sind gute Zuhörer, ohne das von uns Gesagte zu kommentieren, was manchmal wohltuend ist; und sie bewerten uns nicht anhand von sozialem Status, Macht, Schönheit oder Einfluss. Darüber hinaus sind sie großartig im Verzeihen und ihre Geduld und Fürsorge gibt uns das Gefühl, angenommen und nicht allein zu sein. Wenn all das kein Grund wäre, glücklich zu sein, welchen sollte es dann geben?! Welcher Punkt jeden Einzelnen von uns am stärksten berührt, kann nur jeder für sich selbst entscheiden. Beim Nachdenken darüber sollten wir aber unseren Hund nicht vergessen, denn geteiltes Glück ist bekanntlich doppeltes Glück und nur für sich Erlebtes ist oft eine Einbahnstraße – und wer will schon dauerhaft alleine in eine Richtung laufen?! Deshalb beschäftigen wir uns im nächsten Kapitel mit der Frage, wie Mensch und Hund gemeinsam glücklich werden.

Am ehesten macht
uns ein Hund –
und wir ihn! –
wohl glücklich, wenn wir die
Grenzen unserer
sozialen Beziehung
akzeptieren und die
Möglichkeiten genießen.

Gemeinsam Spaß haben – gemeinsam glücklich sein.

Wie finden Mensch und Hund das gemeinsame Glück?

Bei aller Unterschiedlichkeit zwischen Mensch und Hund gibt es auch viele Gemeinsamkeiten. Diese herauszufinden und so weit wie möglich zu leben, bringt uns auf der Suche nach dem gemeinsamen Glück ein ganzes Stück weiter. Machen Sie eine Liste, auf der Sie aufschreiben, was *Ihnen und Ihrem Hund* Spaß macht. Draußen in der Natur sein, wandern, am Strand liegen, auf Entdeckungsreise gehen, Neues erleben, auf dem Sofa kuscheln, ein Picknick im Grünen. Haben Sie schon einmal ein Picknick für sich und Ihren Hund vorbereitet? Nein? Dann sollten Sie das machen! Es macht so viel Spaß, den Korb mit lauter Leckereien zu füllen, die dann gemeinsam auf einer Decke im Grünen verputzt werden.

Bei der Erstellung der Liste ist nicht wichtig, dass Sie beide genau die gleichen Dinge tun. Mit anderen Worten, Sie müssen nicht begeistert davon sein, Gegenstände, die im Wald versteckt wurden, zu apportieren. Aber Sie könnten Spaß daran haben, diese für Ihren Hund zu verstecken und ihn dabei zu beobachten, wie er sie mit großer Freude und voller Stolz findet und bringt. Oder ein Freund könnte etwas verstecken, das Sie beide gemeinsam suchen. Bei unseren Hundewanderungen verstecken wir zum Beispiel Tupperdosen, in denen ein Leckerchen für den Hund und eine Praline für den Menschen ist. Wenn das Team die Sucharbeit erfolgreich bewältigt hat, werden beide belohnt. Es gibt tausende von Möglichkeiten, wie Sie Spaß zusammen haben können. Lassen Sie Ihrer Phantasie freien Lauf, werden Sie kreativ und achten

Sie bei allem, was Ihnen einfällt, darauf, dass es Ihnen beiden Spaß macht.

Was Sie dafür brauchen, ist Zeit. Glück kann man nur (emp)finden, wenn man sich die Zeit dafür nimmt. Wenn Sie beim Lesen dieses Satzes nun schon denken, „Habe ich aber nicht“, wird es Zeit, dass Sie sich darüber Gedanken machen. ☺ Wenn Ihr Terminkalender zu platzen droht, ist es umso wichtiger, dass Sie sich – am besten mit auffällig bunter Farbe – Stunden herausstreichen, in denen Sie sich fix die Zeit für sich und Ihren Hund reservieren. Und halten Sie sich an Ihre gemeinsame Verabredung!

Sie können zusätzlich eine Liste erstellen, in die Sie zehn Dinge eintragen, die Sie wirklich gern mit Ihrem Hund tun würden und von denen Sie glauben, dass sie auch ihn glücklich machen. Schreiben Sie das auf, was Sie schon beim Gedanken daran lächeln lässt und wovon Sie das Gefühl haben, dass Sie beide positive Energie und Kraft daraus schöpfen. Dann schreiben Sie hinter jeden einzelnen Punkt, wann zuletzt und wie oft überhaupt Sie das schon gemacht haben. Wenn Sie damit fertig sind, betrachten Sie das Ergebnis. Sollte es so aussehen, dass Ihnen klar wird, dass Sie viel zu wenig Zeit damit verbringen, die Dinge im Leben zu tun, die Sie beide glücklich machen, überdenken Sie Ihre Lebensplanung und ändern Sie sie gegebenenfalls. Und denken Sie jetzt nicht: „So einfach geht das nicht.“ Unsere Antwort wäre:

Gemeinsame Interessen verbinden.

Was mir und meinem Hund Spaß macht...	Wann zuletzt? Wie oft?
1.	
2.	
3.	
4.	
5.	
6.	
7.	
8.	
9.	
10.	

„Doch!" – und wir sprechen aus eigener Erfahrung. ☺ Man muss ja nicht gleich das ganze Leben ändern, aber zumindest kann man kleine Freiräume schaffen, in denen man die Seele baumeln lässt.

Gemütlich und bequem.

Überprüfen Sie die Erziehungsratschläge, gut gemeinten Tipps, Bücher und DVDs, die Ihnen von anderen nahegelegt bzw. mit bedeutungsschwangerer Miene dringend empfohlen wurden, auf die Frage, ob die angegebenen Inhalte für Sie und Ihren Hund wirklich von Bedeutung sind. Wenn nicht, werfen Sie sie einfach über Bord! Lassen Sie sich zum Beispiel von niemandem einreden, dass Sie mit Ihrem Hund im perfekt ausgeführten „bei Fuß"-Kommando laufen müssen, wenn Ihnen das nicht wichtig ist. Halten Sie sich nicht damit auf, Lektionen mit Ihrem Hund zu erarbeiten, die in Ihrem Lebensumfeld unwichtig sind oder die nicht mit Ihrer Lebensphilosophie in Einklang stehen. Wer sagt, dass die Leine locker durchhängen und der Hund immer links laufen muss? Wer hält es für elementar wichtig, dass er niemals aufs Sofa oder zuerst durch die Tür gehen darf? Lieschen Müller, der aus Rundfunk und Fernsehen bekannte Trainer oder irgendein Buchautor? Super! Dann sollen diese Leute doch so leben. Bestimmen Sie Ihre eigenen Regeln, mit denen Sie und Ihr Hund sich wohl fühlen und glücklich werden.

Was ich gut mache…	Was ich besser machen könnte…

Machen Sie nochmals eine Liste. Schreiben Sie diesmal in eine Spalte, in welchen Punkten Sie sich für ein tolles Herrchen/ Frauchen halten und richtig gut für Ihren Hund sorgen. In die andere Spalte schreiben Sie alles, was Sie für verbesserungswürdig halten. Natürlich ist es wichtig, dass Sie ehrlich sind! Dann schauen Sie sich das Ergebnis an. Wenn die Spalte für „gutes Herrchen/ Frauchen" voller ist als die mit den verbesserungswürdigen Punkten, sind Sie schon auf einem guten Weg. Wenn die andere Spalte voller ist, gilt es zu handeln. Wenn es Punkte gibt, bei denen Sie ein richtig schlechtes Gewissen Ihrem Hund gegenüber haben, ändern Sie diese unbedingt. Nichts ist dem – eigenen wie gemeinsamen – Glück abträglicher als ein beklemmendes Schuldgefühl. Wenn Sie wissen, dass Ihr Hund eigentlich öfter raus müsste oder eigentlich zu viel allein gelassen wird, dann streichen Sie das „eigentlich" und sorgen Sie für Veränderung. Gehen Sie regelmäßiger spazieren, kümmern Sie sich um eine liebevolle Betreuung für die Zeiten Ihrer Abwesenheit usw. Sie werden sich sofort besser fühlen – und Ihr Hund natürlich auch. Zusätzlich können Sie die vielen Punkte beachten, die wir in dem Kapitel „Was können wir tun, um unseren Hund glücklich zu machen?" beschrieben haben. Und noch etwas: Wenn auf der Seite der verbesserungswürdigen Punkte gar nichts steht, haben Sie wahrscheinlich geschummelt... ☺ – fangen Sie noch mal von vorne an, denn das Leben ist kein Ponyhof, es wird immer etwas geben, was wir besser machen könnten oder Punkte, die unser Hund nun mal aushalten muss. Klar geht er nicht gern zum Tier-

Unangenehmes, wie der Besuch beim Tierarzt, muss manchmal sein...

arzt, trotzdem muss er hin. Man kann aber den Ablauf so verändern, dass es für ihn wenigstens erträglich wird, indem man ihn zum Beispiel lieber im Auto warten lässt als im Wartezimmer, bei ihm bleibt und tröstet, statt ihn allein zu lassen, und darauf achtet, dass notwendige Untersuchungen rücksichtsvoll durchgeführt werden.

So ist es mit vielem im Leben, sowohl wir selbst als auch unser Hund müssen manchmal Dinge tun oder Lebensumstände hinnehmen, die suboptimal sind. Das Wichtige dabei ist, für den nötigen Ausgleich zu sorgen und nicht allzu leichtfertig davon auszugehen – und vom Hund zu erwarten –, dass er mit allem klarkommt, was wir uns so vorstellen. Daraus erwächst eine hohe Verantwortung unserem vierbeinigen Freund gegenüber, denn wir bestimmen die Regeln, denen er sich anpassen muss. Wenn wir uns dieser Verantwortung aber bewusst sind, führt dies nicht nur dazu, dass wir genauer darüber nachdenken, wie wir das Leben unseres Hundes gestalten, sondern gleichzeitig auch unser eigenes. Tatsächlich ist es bei manchen Menschen so, dass sie Pause am Arbeitsplatz machen, weil ihr Hund raus muss – und damit auch selbst zu einer Pause kommen, die ihr Körper dringend braucht. Sie spüren das Bedürfnis ihres Hundes zu schmusen und nehmen sich deshalb eine kurze Auszeit vom hektischen Alltag – die auch ihnen gut tut. Sie gehen ihrem Hund zuliebe spazieren – und kommen so selbst an die frische Luft. Wenn Sie sich selbst in diesen Zeilen, vielleicht auch nur ein Stück weit, wiederfinden, den-

... gönnen Sie sich und Ihrem Hund anschließend zum Ausgleich ein paar schöne Stunden.

ken Sie darüber nach, dass eine Voraussetzung für innere Ruhe und Zufriedenheit die Eigenliebe ist. Tun Sie diese Dinge in Zukunft nicht nur für Ihren Hund, sondern auch *ganz bewusst* für sich selbst. Sie haben ein Recht darauf, glücklich zu sein. Falls sich beim Gedanken an Pause machen, Kuscheln, Zeit für Spaziergänge nehmen usw. sofort ein schlechtes Gewissen breit macht, das Ihnen vor Augen führt, wie viel Sie zu tun haben, lächeln Sie es einfach an und sagen Sie ihm, dass Sie später, ausgeruht und glücklich, umso schneller und effizienter weiter arbeiten werden.

Wie schon gesagt, es ist nicht möglich, immer nur glücklich zu sein, immer nur Spaß zu haben und immer nur den schönen Dingen des Lebens nachzugehen. Das ist aber auch nicht der Schlüssel zum Glücklichsein. In einer aufrichtigen, liebevollen und verantwortungsbewussten Beziehung, die uns und unseren Hund glücklich macht, geht es vielmehr darum, füreinander einzustehen, bedingungslos für den anderen da zu sein, sich bei ihm angenommen zu fühlen und ihn selbst anzunehmen – mit allen Ecken und Kanten, Unwägsamkeiten und einfach doofen Dingen, die zum Leben nun mal dazu gehören –, und darin sind Hunde unangefochtene Weltmeister! Ihre Loyalität, Treue und Zuverlässigkeit ist legendär und kann uns ein großes Vorbild auf der Suche nach dem gemeinsamen Glück sein. Getreu dem Motto: Geteiltes Leid ist halbes Leid und geteiltes Glück ist doppeltes Glück.

☺☺☺

Gedanken zum Schluss

Wir hoffen, dass Sie in diesem Buch einige Gedanken und Hinweise finden konnten, die Sie und Ihren Hund auf der Suche nach dem gemeinsamen Glück ein Stück weiter bringen. Wir haben beim Schreiben oft daran gedacht, wie glücklich uns das Zusammenleben mit unseren menschlichen und tierlichen Partnern macht und wie wichtig es ist, das nicht als selbstverständlich hinzunehmen, sondern immer mal wieder inne zu halten, darüber nachzudenken und es bewusst als Geschenk des Lebens zu genießen.

Während es im Deutschen nur das Wort „Glück“ gibt, das diesen inneren Zustand der Übereinstimmung und Zufriedenheit beschreibt, unterscheidet man im Englischen „luck“ (das zufällige Glück, man hat Glück gehabt) und „happiness“ (das tief empfundene Glück, das mit innerer Ruhe und Zufriedenheit einhergeht). Gerade letzteres zu finden, hat auch ganz viel damit zu tun, wie man die Welt um sich herum wahrnimmt. Das berühmte Wasserglas, das halb voll oder halb leer ist. Es hängt von unserer Betrachtungsweise ab, wie wir jeden einzelnen Augenblick erleben und wohin er uns führt. Insofern haben wir das Glück, jegliches Geschehen schon allein durch unsere Sichtweise beeinflussen zu können. Und selbst in eher schwierigen Zeiten haben wir als Hundehalter das große Glück, einen vierbeinigen Begleiter an unserer Seite zu haben.

Vielleicht finden wir das Glück dann, wenn wir nicht (mehr) danach suchen und es am wenigsten erwarten. Genau in dem Augenblick, in dem wir ganz entspannt mit unserem Hund in der Sonne sitzen, im Schnee toben, am Strand spazieren gehen oder uns auf dem Teppich kugeln. ☺

Das Glück kommt von innen,
es spiegelt sich in den Augen
und strahlt über die Seele nach außen.

Manchmal weiß man gar nicht,
dass man Glück hat – bis es auf einmal weg ist.

Wir können es fördern, aber nicht erzwingen.
Wir können es genießen, aber nicht festhalten.
Wir können es erleben oder schmerzlich vermissen.

Wir können in Erinnerungen schwelgen
und auf die Zukunft hoffen –
und auf einmal ist es wieder da.

Über die Autoren

Jörg Tschentscher ist ausgebildeter Tierpsychologe IK und betreibt seit 2003 eine tierpsychologische Praxis in Düsseldorf. Zu seinem Fachgebiet zählen die psychologischen Aspekte der Mensch-Hund-Beziehung und die Kommunikation zwischen beiden. Er ist Autor zahlreicher Fachartikel und des Buches „Mensch-Hund Psychologie".

Mehr über den Autor finden Sie unter www.hundesprache.net

Jörg Tschentscher mit seiner Hündin Lena.

Clarissa v. Reinhardt mit Chenook, Rosina und Bonnie...

Clarissa v. Reinhardt arbeitet seit über 20 Jahren als Hundetrainerin, Fachbuchautorin und gefragte Referentin rund um den Hund. Das von ihr 1993 gegründete Ausbildungszentrum animal learn hat neue Maßstäbe in der gewaltfreien Hundeerziehung gesetzt und beschäftigt ein Team von Mitarbeitern, das gemeinsam mit ihr neue Konzepte für die Mensch-Hund-Beziehung und den Tierschutz erarbeitet. Sie lebt mit ihrer Familie, zu der auch acht Hunde, sechs Pferde und fünf Katzen gehören, im oberbayerischen Chiemgau.

Mehr über die Autorin finden Sie unter www.animal-learn.de

... und mit Winnetou, Jule und Rosina.

Quellenangaben

Prof. Marc Bekoff: „Das Gefühlsleben der Tiere“, animal learn Verlag, 2008

Prof. Marc Bekoff: „Tugend und Leidenschaft im Tierreich“, animal learn Verlag, 2010

Stanley Coren: „Die Intelligenz der Hunde“, rororo, 1997

Daniel Goleman: „Emotionale Intelligenz“, dtv, 12. Auflage, Dezember 1999

Anselm Grün/ Petra Altmann: „Klarheit, Ordnung, Stille“, Gräfe und Unzer, 2007

Barbara Handelman: „Hundeverhalten“, Kosmos Verlag

Nicolai Hartmann: „Ethik“, de Gruyter, 1926

Dr. Christina Heimken: „Kindchenschema aktiviert Belohnungszentrum im Gehirn“, Westfaelische Wilhelms-Universität Münster, 03.06.2009

Hubert Hendrichs: „Die Fähigkeit des Erlebens“, Filander Verlag, 2000

Dr. med. Eckart von Hirschhausen: „Glück kommt selten allein“, Rowohlt, 2009

Stefan Klein: „Die Glücksformel“, rororo, 16. Auflage, Juli 2009